冰冻圈科学丛书

总主编：秦大河

副总主编：姚檀栋　丁永建　任贾文

# 冰冻圈化学

康世昌　黄　杰　等　著

科学出版社

北　京

# 内 容 简 介

本书系统阐述冰冻圈化学的研究范畴、研究意义、研究内容及学科发展历程，并着重介绍冰冻圈化学组分特征、时空格局、迁移转化归趋过程及其对气候和环境的影响机理等内容。本书集成国内外最新研究成果，讨论冰冻圈化学的基础和最新前沿认知。

本书适用于冰冻圈科学及相关专业的本科生和研究生，亦可以作为高等院校相关专业教师及各相关领域科研技术人员的参考书，同时还可以作为高级科普教材。

**图书在版编目（CIP）数据**

冰冻圈化学/康世昌等著. —北京：科学出版社，2021.6

（冰冻圈科学丛书 / 秦大河总主编）

ISBN 978-7-03-068470-7

Ⅰ. ①冰… Ⅱ. ①康… Ⅲ. ①冰川学–化学 Ⅳ. ①P343.6

中国版本图书馆 CIP 数据核字（2021）第 053209 号

责任编辑：杨帅英　张力群/责任校对：何艳萍
责任印制：吴兆东/封面设计：图阅社

科 学 出 版 社 出版
北京东黄城根北街 16 号
邮政编码：100717
http://www.sciencep.com

**北京建宏印刷有限公司** 印刷
科学出版社发行　各地新华书店经销

\*

2021 年 6 月第 一 版　开本：787×1092　1/16
2022 年 3 月第二次印刷　印张：10
字数：240 000

定价：68.00 元
（如有印装质量问题，我社负责调换）

# "冰冻圈科学丛书" 编委会

# 本书编写组

主　　编：康世昌

副 主 编：黄　杰

主要作者：牟翠翠　张玉兰　徐建中　董志文

　　　　　杜文涛　丛志远　马　明　张强弓

　　　　　李潮流　吉振明　刘勇勤　刘亚平

# 丛书总序

习近平总书记提出构建人类命运共同体的重要理念，这是全球治理的中国方案，得到世界各国的积极响应。在这一理念的指引下，中国在应对气候变化、粮食安全、水资源保护等人类社会共同面临的重大命题中发挥了越来越重要的作用。在生态环境变化中，作为地球表层连续分布并具有一定厚度的负温圈层，冰冻圈成为气候系统的一个特殊圈层，涵盖冰川、积雪和冻土等地球表层的冰冻部分。冰冻圈储存着全球77%的淡水资源，是陆地上最大的淡水资源库，也被称为"地球上的固体水库"。

冰冻圈与大气圈、水圈、岩石圈及生物圈并列为气候系统的五大圈层。科学研究表明，在受气候变化影响的诸环境系统中，冰冻圈变化首当其冲，是全球变化最快速、最显著、最具指示性，也是对气候系统影响最直接、最敏感的圈层，被认为是气候系统多圈层相互作用的核心纽带和关键性因素之一。随着气候变暖，冰冻圈的变化及对海平面、气候、生态、淡水资源以及碳循环的影响，已经成为国际社会广泛关注的热点和科学研究的前沿领域。尤其是进入21世纪以来，在国际社会推动下，冰冻圈研究发展尤为迅速。2000年世界气候研究计划推出了气候与冰冻圈核心计划（WCRP-CliC）。2007年，鉴于冰冻圈科学在全球变化中的重要作用，国际大地测量和地球物理学联合会（IUGG）专门增设了国际冰冻圈科学协会，这是其成立80多年来史无前例的决定。

中国的冰川是亚洲十多条大江大河的发源地，直接或间接影响下游十几个国家逾20亿人口的生计。特别是以青藏高原为主体的冰冻圈是中低纬度冰冻圈最发育的地区，是我国重要的生态安全屏障和战略资源储备基地，对我国气候、生态、水文、灾害等具有广泛影响，又被称为"亚洲水塔"和"地球第三极"。

中国政府和中国科研机构一直以来高度重视冰冻圈的研究。早在1961年，中国科学院就成立了从事冰川学观测研究的国家级野外台站——天山冰川观测试验站。1970年开始，中国科学院组织开展了我国第一次冰川资源调查，编制了《中国冰川目录》，建立了中国冰川信息系统数据库。1973年，中国科学院青藏高原第一次综合科学考察队成立，拉开了对青藏高原进行大规模综合科学考察的序幕。这是人类历史上第一次全面地、系统地对青藏高原的科学考察。2007年3月，我国成立了冰冻圈科学国家重点实验室，其是国际上第一个以冰冻圈科学命名的研究机构。2017年8月，时隔四十余年，中国科学院启动了第二次青藏高原综合科学考察研究，习近平总书记专门致贺信勉励科学考察研究队。此后，中国科学院还启动了"第三极"国际大科学计划，支持全球科学家共同研究好、守护好世界上最后一方净土。

当前,冰冻圈研究主要沿着两条主线并行前进:一是深化对冰冻圈与气候系统之间相互作用的物理过程与反馈机制的理解,主要是评估和量化过去和未来气候变化对冰冻圈各分量的影响;二是以"冰冻圈科学"为核心,着力推动冰冻圈科学向体系化方向发展。以秦大河院士为首的中国科学家团队抓住了国际冰冻圈科学发展的大势,在冰冻圈科学体系化建设方面走在了国际前列,"冰冻圈科学丛书"的出版就是重要标志。这一丛书认真梳理了国内外科学发展趋势,系统总结了冰冻圈研究进展,综合分析了冰冻圈自身过程、机理及其与其他圈层相互作用关系,深入解析了冰冻圈科学内涵和外延,体系化构建了冰冻圈科学理论和方法。丛书以"冰冻圈变化—影响—适应"为主线,包括自然和人文相关领域,内容涵盖冰冻圈物理、化学、地理、气候、水文、生物和微生物、环境、第四纪、工程、灾害、人文、地缘、遥感以及行星冰冻圈等相关学科领域,是目前世界上最全面系统的冰冻圈科学丛书。这一丛书的出版,不仅凝聚着中国冰冻圈人的智慧、心血和汗水,也标志着中国科学家已经将冰冻圈科学提升到学科体系化、理论系统化、知识教材化的新高度。在丛书即将付梓之际,我为中国科学家取得的这一系统性成果感到由衷的高兴!衷心期待以丛书出版为契机,推动冰冻圈研究持续深化、产出更多重要成果,为保护人类共同的家园——地球做出更大贡献。

白春礼院士

中国科学院院长

"一带一路"国际科学组织联盟主席

2019 年 10 月于北京

# 丛书自序

　　虽然科研界之前已经有了一些调查和研究，但系统和有组织地对冰川、冻土、积雪等中国冰冻圈主要组成要素的调查和研究是从 20 世纪 50 年代国家大规模经济建设时期开始的。为满足国家经济社会发展建设的需求，1958 年中国科学院组织了祁连山现代冰川考察，初衷是向祁连山索要冰雪融水资源，满足河西走廊农业灌溉的要求。之后，青藏公路如何安全通过高原的多年冻土区，如何应对天山山区公路的冬春季节积雪、雪崩和吹雪造成的灾害，等等，一系列亟待解决的冰冻圈科技问题摆在了中国建设者的面前。来自四面八方的年轻科学家齐聚在皋兰山下、黄河之畔的兰州，忘我地投身于研究，却发现大家对冰川、冻土、积雪组成的冰冷世界知之不多，认识不够。中国冰冻圈科学研究就是在这样的背景下，踏上了它六十余载的艰辛求索之路！

　　进入 20 世纪 70 年代末期，我国冰冻圈研究在观测试验、形成演化、分区分类、空间分布等方面取得显著进步，积累了大量科学数据，科学认知大大提高。20 世纪 80 年代以后，随着中国的改革开放，科学研究重新得到重视，冰川、冻土、积雪研究也驶入发展的快车道，针对冰冻圈组成要素形成演化的过程、机理研究，基于小流域的观测试验及理论等取得重要进展，研究区域上也从中国西部扩展到南极和北极地区，同时实验室建设、遥感技术应用等方法和手段也有了长足发展，中国的冰冻圈研究实现了与国际接轨，研究工作进入平稳、快速的发展阶段。

　　21 世纪以来，随着全球气候变暖进一步显现，冰冻圈研究受到科学界和社会的高度关注，同时，冰冻圈变化及其带来的一系列科技和经济社会问题也引起了人们广泛注意。在深化对冰冻圈自身机理、过程认识的同时，人们更加关注冰冻圈与气候系统其他圈层之间的相互作用及其效应。在研究冰冻圈与气候相互作用的同时，联系可持续发展，在冰冻圈变化与生物多样性、海洋、土地、淡水资源、极端事件、基础设施、大型工程、城市、文化旅游乃至地缘政治等关键问题上展开研究，拉开了建设冰冻圈科学学科体系的帷幕。

　　冰冻圈的概念是 20 世纪 70 年代提出的，科学家们从气候系统的视角，认识到冰冻圈对全球变化的特殊作用。但真正将冰冻圈提升到国际科学视野始于 2000 年启动的世界气候研究计划-气候与冰冻圈核心计划（WCRP-CliC），该计划将冰川（含山地冰川、南极冰盖、格陵兰冰盖和其他小冰帽）、积雪、冻土（含多年冻土和季节冻土），以及海冰、冰架、冰山、海底多年冻土和大气圈中冻结状的水体视为一个整体，即冰冻圈，首次将冰冻圈列为组成气候系统的五大圈层之一，展开系统研究。2007 年 7 月，在意大利佩鲁贾举行的第 24 届国际大地测量和地球物理学联合会（IUGG）上，原来在国际水文科学协会（IAHS）下设的国际雪冰科学委员会（ICSI）被提升为国际冰冻圈科学协会（IACS），升格为一级学科。这是 IUGG 成立 80 多年来唯一的一次机构变化。"冰冻圈科学"(cryospheric science, CS)这一术语始见于国际计划。

在 IACS 成立之前，国际社会还在探讨冰冻圈科学未来方向之际，中国科学院于 2007年 3 月在兰州成立了世界上第一个以"冰冻圈科学"命名的"冰冻圈科学国家重点实验室"，同年 7 月又启动了国家重点基础研究发展计划（973 计划）项目——"我国冰冻圈动态过程及其对气候、水文和生态的影响机理与适应对策"。中国命名"冰冻圈科学"研究实体比 IACS 早，在冰冻圈科学学科体系化方面也率先迈出了实质性步伐，又针对冰冻圈变化对气候、水文、生态和可持续发展等方面的影响及其适应展开研究，创新性地提出了冰冻圈科学的理论体系及学科构成。中国科学家不仅关注冰冻圈自身的变化，更关注这一变化产生的系列影响。2013 年启动的国家重点基础研究发展计划 A 类项目（超级"973"）"冰冻圈变化及其影响"，进一步梳理国内外科学发展动态和趋势，明确了冰冻圈科学的核心脉络，即变化—影响—适应，构建了冰冻圈科学的整体框架——冰冻圈科学树。在同一时段里，中国科学家 2007 年开始构思，从 2010 年起先后组织了 60 多位专家学者，召开 8 次研讨会，于 2012 年完成出版了《英汉冰冻圈科学词汇》，2014 年出版了《冰冻圈科学辞典》，匡正了冰冻圈科学的定义、内涵和科学术语，完成了冰冻圈科学奠基性工作。2014 年冰冻圈科学学科体系化建设进入一个新阶段，2017 年出版的《冰冻圈科学概论》（其英文版将于 2021 年出版）中，进一步厘清了冰冻圈科学的概念、主导思想，学科主线。在此基础上，2018 年发表的科学论文 *Cryosphere Science: research framework and disciplinary system*，对冰冻圈科学的概念、内涵和外延、研究框架、理论基础、学科组成及未来方向等以英文形式进行了系统阐述，中国科学家的思想正式走向国际。2018 年，由国家自然科学基金委员会和中国科学院学部联合资助的国家科学思想库——《中国学科发展战略·冰冻圈科学》出版发行，《中国冰冻圈全图》也在不久前交付出版印刷。此外，国家自然科学基金委 2017 年资助的重大项目"冰冻圈服务功能与区划"在冰冻圈人文研究方面也取得显著进展，顺利通过了中期评估。

一系列的工作说明，中国科学家经过深思熟虑和深入研究，在国际上率先建立了冰冻圈科学学科体系，中国在冰冻圈科学的理论、方法和体系化方面引领着这一新兴学科的发展。

围绕学科建设，2016 年我们正式启动了"冰冻圈科学丛书"（以下简称"丛书"）的编写。根据中国学者提出的冰冻圈科学学科体系，"丛书"包括《冰冻圈物理学》《冰冻圈化学》《冰冻圈地理学》《冰冻圈气候学》《冰冻圈水文学》《冰冻圈生物学》《冰冻圈微生物学》《冰冻圈环境学》《第四纪冰冻圈》《冰冻圈工程学》《冰冻圈灾害学》《冰冻圈人文社会学》《冰冻圈遥感学》《行星冰冻圈学》《冰冻圈地缘政治学》分卷，共计 15 册。内容涉及冰冻圈自身的物理、化学过程和分布、类型、形成演化（地理、第四纪），冰冻圈多圈层相互作用（气候、水文、生物、环境），冰冻圈变化适应与可持续发展（工程、灾害、人文和地缘）等冰冻圈相关领域，以及冰冻圈科学重要的方法学——冰冻圈遥感学，而行星冰冻圈学则是更前沿、面向未来的相关知识。"丛书"内容涵盖面之广、涉及知识面之宽、学科领域之新，均无前例可循，从学科建设的角度来看，也是开拓性、创新性的知识领域，一定有不少不足，我们热切期待读者批评指正，以便修改、补充，不断深化和完善这一新兴学科。

这套"丛书"除具备学术特色，供相关专业人士阅读参考外，还兼顾普及冰冻圈科学知识的目的。冰冻圈在自然界独具特色，引人注目。山地冰川、南极冰盖、巨大的冰山和大片的海冰，吸引着爱好者的眼球。今天，全球变暖已是不争事实，冰冻圈在全球气候变化中的作用日渐突出，大众的参与无疑会促进科学的发展，迫切需要普及冰冻圈科学知识。希望"丛书"能起到"普及冰冻圈科学知识，提高全民科学素质"的作用。

"丛书"和各分册陆续付梓之际，冰冻圈科学学科建设从无到有、从基本概念到学科体系化建设、从初步认识到深刻理解，我作为策划者、领导者和作者，感慨万分！历时十三载，"十年磨一剑"的艰辛历历在目，如今瓜熟蒂落，喜悦之情油然而生。回忆过去共同奋斗的岁月，大家为学术问题热烈讨论、激烈辩论，为提高质量提出要求，严肃气氛中的幽默调侃，紧张工作中的科学精神，取得进展后的欢声笑语……，这一幕幕工作场景，充分体现了冰冻圈人的团结、智慧和能战斗、勇战斗、会战斗的精神风貌。我作为这支队伍里的一员，倍感自豪和骄傲！在此，对参与"丛书"编写的全体同事表示诚挚感谢，对取得的成果表示热烈祝贺！

在冰冻圈科学学科建设和系列书籍编写的过程中，得到许多科学家的鼓励、支持和指导。已故前辈施雅风院士勉励年轻学者大胆创新，砥砺前进；李吉均院士、程国栋院士鼓励大家大胆设想，小心求证，踏实前行；傅伯杰院士在多种场合给予指导和支持，并对冰冻圈服务提出了前瞻性的建议；陈骏院士和中国科学院地学部常委们鼓励尽快完善冰冻圈科学理论，用英文发表出去；张人禾院士建议在高校开设课程，普及冰冻圈科学知识，并从大气、海洋、海冰等多圈层相互作用方面提出建议；孙鸿烈院士作为我国老一辈科学家，目睹和见证了中国从冰川、冻土、积雪研究发展到冰冻圈科学的整个历程。中国科学院院长白春礼院士也对冰冻圈科学给予了肯定和支持，等等。在此表示衷心感谢。

"丛书"从《冰冻圈物理学》依次到《冰冻圈地缘政治学》，每册各有两位主编，分别是任贾文和盛煜、康世昌和黄杰、刘时银和吴通华、秦大河和罗勇、丁永建和张世强、王根绪和张光涛、陈拓和张威、姚檀栋和王宁练、周尚哲和赵井东、吴青柏和李志军、温家洪和王世金、效存德和王晓明、李新和车涛、胡永云和杨军以及秦大河和杜德斌。我要特别感谢所有参加编写的专家，他们年富力强，都承担着科研、教学或生产任务，负担重、时间紧，不求报酬和好处，圆满完成了研讨和编写任务，体现了高尚的价值取向和科学精神，难能可贵，值得称道！

"丛书"在编写过程中，得到诸多兄弟单位的大力支持，宁夏沙坡头沙漠生态系统国家野外科学观测研究站、复旦大学大气科学研究院、云南大学国际河流与生态安全研究院、海南大学生态与环境学院、中国科学院东北地理与农业生态研究所、延边大学地理与海洋科学学院、华东师范大学城市与区域科学学院、中山大学大气科学学院等为"丛书"编写提供会议协助。秘书处为"丛书"出版做了大量工作，在此对先后参加秘书处工作的王文华、徐新武、王世金、王生霞、马丽娟、李传金、窦挺峰、俞杰、周蓝月表示衷心的感谢！

中国科学院院士

冰冻圈科学国家重点实验室学术委员会主任

2019 年 10 月于北京

# 前　言

　　冰冻圈化学是综合化学、物理学、生物学、大气科学、生态学、环境科学等学科的一门新兴交叉学科。冰冻圈化学主要阐述冰冻圈的化学组分及其时空分布、来源、迁移转化过程、归趋以及气候和环境效应等，冰冻圈化学在全球生物地球化学循环中具有重要的地位，是当前冰冻圈科学体系中重要的新兴研究领域。

　　冰冻圈化学成分参与冰冻圈与大气圈、水圈、生物圈、岩石圈、人类圈的相互作用，冰冻圈的变化将显著影响化学组分在各圈层之间的时空格局、迁移、转化和归趋等过程。在气候持续变暖和人类活动污染物排放加剧背景之下，冰冻圈化学受到人类活动驱动因子的强烈影响。随着全球变化研究的开展，对各种化学成分在地球表面的生物地球化学循环研究逐渐成为热点问题。就区域或全球发展而言，冰冻圈化学学科对提升生物地球化学循环规律的认识，发展绿色经济、低碳经济和循环经济，走可持续发展之路，都有重要的现实意义。

　　全书共分八章。第 1 章介绍了冰冻圈化学研究范畴及其研究意义，并回顾了国内外有关冰冻圈化学的研究历史。第 2 章概述了与冰冻圈化学密切相关的关键物理、化学及生物过程。第 3 章主要归纳了无机和有机化学成分在冰冻圈环境中的赋存特征和时空格局。第 4 章着重概括了冰冻圈化学成分的来源与传输过程。第 5 章介绍了主要化学成分在陆地冰冻圈、海洋冰冻圈和大气冰冻圈中的生物地球化学过程。第 6 章梳理了全球范围冰冻圈记录的近代人类活动释放污染物的变化过程。第 7 章结合气候变化和人类活动加剧的背景，阐述了冰冻圈化学成分变化的气候和环境效应。第 8 章总结了不同冰冻圈化学的研究方法，包括野外观测、采样和实验室分析方法。

　　本书受到国家自然科学基金项目、中国科学院战略先导项目和冰冻圈科学国家重点实验室自主研究课题等的资助。本书的编写过程中多次召开研讨会，是参编人员协同合作的结晶。第 1 章以康世昌为主撰写，黄杰、徐建中和牟翠翠等参与；第 2 章以黄杰为主撰写，徐建中、牟翠翠、马明等参与；第 3 章以徐建中为主撰写，黄杰、牟翠翠、张玉兰、董志文、康世昌等参与；第 4 章以董志文为主撰写，丛志远、李潮流、牟翠翠、徐建中等参与；第 5 章以张玉兰为主撰写，康世昌、张强弓、黄杰等参与；第 6 章以牟翠翠为主撰写，黄杰、马明、刘勇勤等参与；第 7 章以黄杰为主撰写，吉振明、牟翠翠、张玉兰等参与；第 8 章以杜文涛为主撰写，刘亚平、康世昌、黄杰等参与。全书由康世昌、黄杰等统稿，郭军明、钟歆玥、陈鹏飞也提供了大量帮助。

"冰冻圈科学丛书"秘书组王文华、徐新武、王世金、马丽娟、李传金、窦挺峰、王生霞、俞杰、周蓝月在专著研讨、会议组织、材料准备等方面做出了大量工作和重要贡献。在本专著即将付印之际，对他们的无私奉献表示衷心的感谢！

目前国际上还缺少统筹冰冻圈化学研究的书籍，同时冰冻圈化学各个研究方向上的文献浩如烟海，需要开展大量归纳和梳理工作，疏漏之处在所难免，希望读者不吝批评指正，以便未来再版时进一步修订和改正。

康世昌

2019 年 6 月 30 日

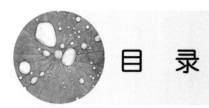

# 目　录

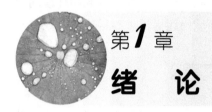

# 第1章
# 绪 论

在人类活动已深刻影响和改变自然环境的背景下，冰冻圈中各环境介质亦受到人类排放化学成分的深刻影响。冰冻圈的化学成分不仅可以记录自然与人类活动的历史，而且参与生物地球化学循环，对全球气候与环境产生深刻的影响。在全球变暖背景下，研究冰冻圈各要素中化学组分特征、时空格局、迁移转化归趋过程及其对气候和环境的影响机理，可为我们认识和应对当今人类社会所面对的环境问题提供重要科技支撑。冰冻圈化学是冰冻圈科学的重要分支，亦是认识冰冻圈变化及其影响的学科基础。在冰冻圈科学的总框架体系之下，本章全面阐述了冰冻圈化学的研究范畴、研究意义、发展历程及研究内容。

## 1.1 冰冻圈化学研究范畴

冰冻圈科学是研究自然背景条件下，冰冻圈各要素形成和变化的过程与内在机理，冰冻圈与气候系统其他圈层相互作用，以及冰冻圈变化的影响和适应的新兴交叉学科。冰冻圈化学是研究冰冻圈各要素化学组分的时空格局、来源、迁移、转化、归趋及其对气候和环境影响的一门学科。它涉及冰冻圈化学成分的地域特性、源和汇特征、生物地球化学循环过程，以及冰冻圈与其他圈层界面的化学过程等。通过建立立体观测网络体系，获得冰冻圈化学成分及其迁移转化的观测资料，结合实验室分析测试和模拟，科学精准认知冰冻圈化学变化的自然和人为过程、机理和影响，为社会经济可持续发展服务，是冰冻圈化学研究的主要范畴。

冰冻圈化学主要研究对象包括冰冻圈中微量气体、无机和有机化学组分、稳定和放射性同位素、微生物等，研究空间范围包括大气冰冻圈（如冰晶、冰核、冰雹等）、陆地冰冻圈（冰川、冻土、积雪、河冰、湖冰等）和海洋冰冻圈（海冰、冰架、海底多年冻土等），研究时间范围覆盖多个不同的时间尺度。广义的雪冰化学研究包括冰川、积雪、海冰、河冰、湖冰等介质化学成分及其化学过程等；广义的冻土化学研究包括陆地多年冻土和海底多年冻土的生物地球化学过程等。在人类活动已深刻影响和改变自然环境的背景下，冰冻圈中各环境介质亦受到人类排放化学成分的深刻影响，如雪冰或冻土中含有各种不同历史时期或不同环境状态下源自人类工农业活动释放的化学组分信息。因此，研究冰冻圈各要素化学组分特征、时空格局、迁移转化归趋过程及其对气候和环境的影响机理，可为我们认识和应对当今人类社会所面对的环境问题提供重要科技支撑。

## 1.2　冰冻圈化学研究意义

冰冻圈是气候系统中最为敏感的圈层，也是全球变化的放大器。由于远离人类活动区，冰川和冰盖内记录的地球各圈层化学信息相对容易分辨，有利于提取各环境因子的全球或区域本底。例如，北极、南极和青藏高原的海陆格局、气候特点、距离人类活动区的远近等差异显著，有利于获取不同自然环境因子和人类活动强弱的信息。因此，冰冻圈化学研究的最终目标是通过多化学指标时空分布，了解过去全球环境变迁历史和机理，并预测未来变化和服务人类发展。同时，冰冻圈是全球生物地球化学循环中的重要圈层，特别是多年冻土在全球碳、氮循环中扮演重要角色。在冰冻圈快速萎缩的背景下，冰冻圈在生物地球化学循环中的地位越来越重要。冰冻圈的快速变化导致冰冻圈化学过程的改变，为气候变化和环境带来强烈的反馈效应。因此，开展冰冻圈化学研究具有重要的科学意义。

### 1.2.1　自然与人类活动历史

自工业革命以来，人类活动在加速改变社会发展历史进程的同时，也给环境造成了巨大破坏，并逐渐成为影响环境中化学成分再分配的重要因素。化学成分一般以很低的天然含量广泛存在于自然界中，但人为排放污染物的增多已经造成了全球范围的环境污染。冰冻圈自身人类活动稀少且远离工业污染源区，受人类活动直接排放的干扰较小。然而，人类活动释放的污染物通过大气传输对全球环境已产生了重要影响，冰冻圈成为评价人类活动污染程度和历史变化的理想研究场所。因此，人类释放污染物在极地和山地冰川等冰冻圈环境中的时空变化可以作为评价人类活动对大气环境影响的代用指标。

冰川和冰盖是记录全球气候变化信息重要载体，其化学记录作为一种独特的气候和环境变化代用资料，与其他资料相比具有记录连续、分辨率高、保真性强、沉积后变化微弱的优势，能够较为准确地记录古气候和环境的变化历史，可以用于重建轨道尺度和亚轨道尺度（万年到几十万年）的变化。因此，冰冻圈化学记录就像一部史书，记录不同时期雪冰物理化学状况，为我们"解读"过去的气候和环境变化提供基础。特别是冰川（冰盖）作为冰冻圈的主要组成部分，其化学成分来自大气的干湿沉降，是大气成分的天然档案库。针对冰冻圈化学指标记录的季节变化及地理分布格局等现代过程研究，以及冰冻圈化学与地球系统要素之间相互作用与相互耦合过程研究，是全球变化研究中重建古环境和监测当代全球环境变化的重要内容。国际地圈-生物圈计划（IGBP）中的数项核心计划都将冰冻圈记录列为重要组成部分。总之，鉴于对未来气候和环境变化的准确预测在一定程度上依赖于对古气候和环境变化的认知水平，雪冰化学记录的气候和环境变化仍是当前全球变化研究的热点和优先研究领域之一。

## 1.2.2 生物地球化学循环

冰冻圈化学对于认知地表生物地球化学循环规律具有重要的研究意义，同时也是全球变化研究中探讨全球尺度地表物理、化学及生物地球化学循环过程的重要内容。冰冻圈化学成分参与冰冻圈与大气圈、水圈、生物圈、岩石圈、人类圈的相互作用，冰冻圈的变化将显著影响化学组分在各圈层之间的格局，迁移、转化和归趋等过程。在气候持续变暖和人类活动增强的背景之下，亟须研究冰冻圈生物地球化学循环对自然和人文双重变化的响应。随着全球变化研究的开展，对各种成分在地表的生物地球化学循环研究逐渐成为热点科学问题。

冻土是冰冻圈的重要组成部分，多年冻土约占北半球陆地面积的 24%，季节冻土约占 30%。由于冻土分布广泛且具有较为独特的水热特性，使它成为陆地表层环境过程中非常重要的气候和环境因子。冻土和气候系统之间的相互作用显著。一方面，冻土是气候变化的敏感指示器，气候变化将引起冻土地区环境和冻土工程特性的显著变化；另一方面，由于冻土所具有的水热特性以及其广泛分布的地理区域特征，冻土的变化对气候系统的反馈作用显著。近年来由于气温升高而导致冻土活动层加深、生态系统各种要素（如植被群落结构、生物生产量以及生物多样性等）发生了显著变化，同时释放大量温室气体，并引起区域水循环发生深刻变化，继而对整个气候系统将产生重要影响。

全球变暖导致的多年冻土退化亦会使存储的有机碳分解释放，从而驱使多年冻土可能由碳汇变为碳源，特别是冻土温度升高和水分的变化，将会导致微生物活动增强。多年冻土中储存的碳在微生物作用下以温室气体的形式释放到大气，使得大气中温室气体的含量进一步增加，进而促使全球变暖加剧。多年冻土退化对全球变暖的正反馈效应，是目前全球变化极为关注的科学问题之一。开展多年冻土的生物地球化学循环研究，探讨化学组分的迁移转化过程（特别是碳循环过程），对于揭示冻土环境对全球变化的响应特征，及探究冻土变化与气候系统相互作用关系具有重要意义。

## 1.2.3 气候与环境效应

冰冻圈化学组分的变化将深刻影响当今的气候与环境现状。例如，通过改变辐射强迫和雪冰反照率以及与云的相互作用等反馈机制，大气中黑碳和棕碳气溶胶能显著影响大气与冰冻圈之间的能量平衡，对气候系统具有独特而重要的作用，被认为是除温室气体之外最强的人为辐射强迫因子。当黑碳、粉尘等吸光性杂质沉降到雪冰表面之后，能够显著降低表面反照率，进而导致雪冰加速消融。积雪–气溶胶反照率反馈效应可以改变冰冻圈地表的能量和水分平衡，对区域和全球气候系统带来显著影响。冰冻圈化学组分（如黑碳、吸光性杂质等）引起的雪冰加速消融将深刻改变水文和水资源现状，从而进一步影响到社会经济的可持续发展。

冰冻圈退缩（冰川、多年冻土、海冰等）引起化学成分的快速释放已受到国内外众多学者关注。当今正在执行的化学品禁/限用国际公约（如关于持久性有机污染物的《斯德哥尔摩公约》、关于汞的《水俣公约》等）所涉及的污染物均可以在全球冰冻圈中检测到其"踪影"，这些污染物大多具有半挥发性，极易沉降和积累于高寒的冰冻圈区域，且诸多证据均指明其来自人类活动的释放，并经过远距离传输沉降到冰冻圈。对于人类居住区更为接近的中低纬度陆地冰冻圈而言，冰川径流是干旱区动植物和人类赖以生存的重要水资源。随着全球气候变暖加剧，冰川融水将大量"二次释放"的污染物带入河流，将改变水质状况并对下游地区生态系统产生潜在的环境风险。例如，从冰川消融释放进入河流中的有毒重金属元素（如汞），在湿地及河湖沉积物中发生甲基化作用，生成毒性增强的甲基汞。甲基汞可以在生物体内富集，对营养级较高的动物甚至人类产生潜在危害。因此，开展冰冻圈化学研究可以更好地预测和评估未来冰冻圈水资源和水质变化，为减缓有毒污染物对冰冻圈影响区生态系统的环境影响提供应对策略。

## 1.3 冰冻圈化学研究内容

冰冻圈化学是综合物理学、化学、生物学、大气科学、生态学和环境学等知识内容的一门新兴交叉学科。冰冻圈化学主要阐述冰冻圈中重要的化学组分的时空格局、迁移、转化和归趋规律及其与气候和环境变化的直接和间接关系，并涉及经济社会的可持续发展，是当前冰冻圈科学体系中重要的新兴研究领域。冰冻圈化学的学科架构如图 1-1 所示。研究内容主要包括三个方面：

（1）冰冻圈化学相关的基本物理、化学和生物过程：大气成分的干湿沉降、清除过程、雪冰离子淋融和脉冲、冻土淋溶作用、海冰排盐等过程；化学过程主要包括同位素分馏、光化学作用、氧化还原反应等；生物过程包括甲基化、微生物过程、硝化与反硝化等。

（2）冰冻圈化学组分的时空格局及其来源：研究大气冰冻圈、陆地冰冻圈、海洋冰冻圈中的无机成分（化学离子、不溶微粒、元素、黑碳等）和有机成分（如有机质、持久性有机污染物等）的时空分布、传输和来源等，特别是利用同位素的指纹特征研究化学成分的自然和人为来源；利用雪冰记录研究人类活动排放污染物的变化历史。

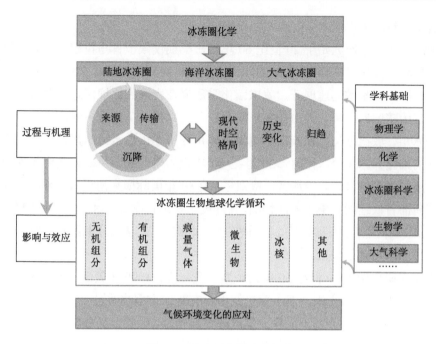

图 1-1　冰冻圈化学学科架构

（3）冰冻圈生物地球化学循环的影响与效应：研究冰冻圈不同要素的关键生物地球化学过程，评估气候变暖和人类活动加剧双重影响下，冰冻圈生物地球化学循环的气候和环境效应，为应对未来气候环境变化提供支撑。

## 1.4　冰冻圈化学研究历史

自 20 世纪 70 年代末以来，人类面临着严峻的资源、环境和发展等重大问题。人类活动在很大程度上已改变了人类原有的居住环境，威胁着人类的生存家园。20 世纪 80 年代，科学家提出"全球变化"概念，并逐步将地球的大气圈、水圈、生物圈、岩石圈、冰冻圈和人类圈的变化纳入"全球变化"范畴，并突出强调地球多圈层相互作用及其环境变化。作为连接不同圈层的核心纽带，冰冻圈化学为全球变化的各个方面，如环境污染、气候变化、生物地球化学循环、人类活动、海平面变化、地质和宇宙事件等诸多科学研究提供了直接或间接依据。

雪冰作为冰冻圈最为核心的组成要素，其中的化学成分种类繁多，不同的成分有其特殊的环境意义。自 20 世纪 60 年代以来，极地冰盖和中低纬度冰川的雪冰化学研究发展迅猛。较早的研究建立了雪冰中氢、氧稳定同位素比率与气温的关系，并通过这种时间序列重建了古气候变化。随后通过不溶微粒、硫酸盐等研究火山喷发，并利用放射性元素来研究核爆试验等人为污染。此后在雪冰中主要阴阳离子、生物有机酸、重金属元素等方面有了很大进展，近十几年在左旋葡聚糖、有机碳、黑碳、非传统稳定同位素等方面开展了大量的工作。

我国的雪冰化学研究始于 20 世纪 60 年代，早期仅限于喜马拉雅山脉的希夏邦马峰和珠穆朗玛峰（简称"珠峰"）地区的冰川，主要针对雪冰开展化学组分调查。1979 年之后，随着冰川考察的迅速展开，冰冻圈化学研究在青藏高原地区迅猛发展，研究区域涉及阿尔泰山喀纳斯冰川、天山托木尔峰西琼台兰冰川、乌鲁木齐河源 1 号冰川、祁连山水关河冰川、敦德冰川、横断山脉贡嘎山冰川和玉龙山白水河冰川、喜马拉雅山脉南迦巴瓦峰的则隆弄冰川等。同时，20 世纪 80 年代以来，我国科研人员将冰冻圈化学研究区域逐渐扩展到南极、北极地区。特别是，1989 年国际横穿南极考察期间，我国科学家沿考察断面首次连续采集了雪冰样品，并开展了极地化学离子和元素的时空分布研究。21 世纪我国冰冻圈化学发展快速，陆续在冰川（冰盖）化学成分来源和时空分布及迁移转化归趋方面取得诸多成果。

冻土化学研究始于 20 世纪 50 年代土壤系统分类，1999 年美国《土壤系统分类（第 2 版）》首次增加了高寒土纲，即土壤单元中含有寒冻土壤物质且下伏多年冻土的土壤。20 世纪末期国际土壤学会基于世界土壤资源参与基础，吸收世界各国土壤学家关于土壤质地、有机质含量及其他化学组分的最新研究成果，推出了正式版本的《世界土壤资源参比基础》，并划分了二级土壤单元，分别为扰动寒冻土、有机寒冻土、石质寒冻土、盐积寒冻土、碱化寒冻土、钙积寒冻土、硫质寒冻土等。20 世纪涉及冻土化学研究主要是通过测定土壤颗粒组成、物理特征和化学元素组分。自 21 世纪以来，随着气候变化研究和实验分析技术等发展，在气候变暖背景下多年冻土区有机质的分解释放潜力及其对气候变化的反馈作用引起越来越多的关注。因此，基于三维荧光、傅里叶光谱和核磁共振等技术测定多年冻土区土壤有机质的化学结构和组分（如多糖类、木质素酚类、键合态脂类等）受到越来越多的关注。近几十年，冻土化学已发展为冰冻圈化学的重要分支。

海冰通过物理、生物和化学过程的相互作用形成不均匀的半固态基质。海洋、大气和陆源输入均会影响海冰化学的组成、迁移、转化与归趋。早在 16 世纪随着航海事业的发展，人们相继发现并阐述了北极不同地区的海冰分布特征。19 世纪随着西北和东北航道的航海活动陆续开展，1870 年第一次科学报道了海冰的性质及其变化规律，并首次研究了北极海冰的硅藻和有机体等。19 世纪末期，在北极地区弗拉姆海峡的探险活动开启了现代海冰的科学研究。自 20 世纪以来，科研人员对海冰的物理和化学性质进行了详尽研究，包括海冰盐度、可溶营养物质、痕量元素等。尤其是 40 年代以后，随着实验分析等技术发展，现代海冰化学研究迅速兴起，海冰化学为契合解决全球气候变暖和生态环境恶化等重大科学问题需求，研究重点逐渐变为海冰化学在全球气候变化中的作用、典型污染物（如汞和 POPs）和新型污染物（如微塑料）在海冰化学组分的生物地球化学循环规律等。在近几十年来，海冰遥感技术、生物学、气候学等迅速发展和学科综合交叉，海冰化学研究内容进一步深入，并取得长足发展，目前已成为集海冰物理、化学、生物等为一体的综合学科分支。

大气冰冻圈是近些年冰冻圈科学与大气科学融合交叉过程中逐渐形成的一个概念，源于多圈层相互作用过程中大气与冰冻圈的重要作用。大气冰冻圈成分主要指大气中处于负温环境中的过冷水和冰晶物质。过冷水和冰晶是高冷云中重要的组成部分，其研究内容主要属于大气云物理研究的范畴。相关研究最早始于高层云形成过程的研究，包含了过冷水、冰核、冰晶转换过程；通过高空探测或云室模拟了解冰核形成、浓度分布、过冷水向冰核凝结等内容；自然背景中，冰核的形成主要以自然来源的颗粒物为内核，再逐渐形成冰晶；冰晶含量相比于过冷水含量较小。近些年的研究发现，随着人为活动的增加，排放大量颗粒物进入大气中，冰核含量有显著增加趋势，因此冰晶含量也相应呈现增加趋势，其含量可以对大气高云和极地降水产生重要影响，引起广泛的关注。另外，随着大气化学的研究深入，近些年冰晶化学研究也有了一定的进展，冰晶化学的研究主要涉及冰核界面非均相化学反应和过程。最广为熟知的是南极臭氧层亏损过程中冰核界面为卤代烃反应提供界面，加速臭氧消耗过程。

　　总之，20 世纪中叶以来，随着实验室分析测试和野外自动监测技术的提升，冰冻圈化学相关内容快速发展，通过与多学科交叉融合，从过去主要侧重化学组分在冰冻圈介质中的迁移转换归趋等规律的认识，逐渐发展至与气候环境效应等深度融合的学科内容。毋庸置疑，由于冰川（冰盖）、冻土和海冰是记录气候环境变化的独特环境介质，具有不可替代的优势，未来随着分析测试新技术的发展和日趋完善，将使得冰冻圈环境中更多化学组分测定将逐一实现，因此，冰冻圈化学的研究内容还会不断拓展延伸。从冰冻圈化学的研究历史可以看出，冰冻圈化学研究已逐渐演变为完善的冰冻圈科学的分支学科。冰冻圈化学在认识化学成分及其来源的基础上，阐述冰冻圈环境介质中化学成分迁移转化过程和机理，揭示全球变暖和人类活动加剧背景下冰冻圈的气候和环境效应，从而为全球气候变化应对和区域可持续发展提供科技支撑。

## 思 考 题

1. 概述冰冻圈化学研究历程。
2. 冰冻圈化学主要包含哪些研究内容？

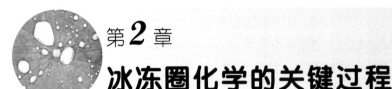

# 第2章
# 冰冻圈化学的关键过程

冰冻圈化学与冰冻圈层内的诸多物理、化学和生物过程密切相关。经过长期交叉和融合，物理学、化学和生物学等为冰冻圈化学分支学科的成长提供了重要基础。本章将从与物理、化学和生物相关的基础入手，简要阐述冰冻圈化学的关键过程。

## 2.1 物 理 过 程

### 2.1.1 干湿沉降过程

大气沉降是指大气中各种化学组分通过特定的途径沉积到地表的过程，被视为是大气的自我净化方式之一。根据其物理过程的不同可分为干沉降和湿沉降。

干湿沉降是大气化学成分进入冰冻圈介质的主要过程。干沉降是指大气化学组分从大气向地面冰冻圈介质表面做物质转移输送的过程。该过程主要受重力沉降、湍流扩散及分子扩散等作用影响，并与降水无关。气溶胶颗粒、微量气体及液态混合物被上述过程输送到地表，分子作用力使之在物体表面黏附，最终从大气中清除。

干沉降速率通常用来衡量干沉降作用的强弱程度，包括大气颗粒物和微量气体。对于颗粒物而言，该速率可定义为单位时间内在单位面积上沉积的气溶胶颗粒物总数与大气中气溶胶颗粒物数浓度之比，具有速度量纲，其大小与气溶胶粒子的谱分布、化学成分以及大气状况（湿度、风速和湍流强度等）有关。对于粒径大于 10 μm 的大粒子在大气运动中会产生重力沉降，粒径大于 20 μm 的粒子有明显重力沉降速度，而直径小于 1 μm 的硫酸盐粒子的干沉降速率通常在 0.1 cm/s 左右。而对于气体和粒径小于 10～20 μm 级别的小粒子，重力沉降作用可忽略，但是它们会由于湍流扩散和布朗运动沉降到各种物质表面，然后物质通过吸收、碰撞、光合作用及其他生物学、化学和物理过程最终沉降到地面。对于微量气体而言，大气微量气体成分的干沉降速率定义为单位时间内单位面积上沉积的该成分的总质量与它在大气中的质量浓度之比，其大小和该气体的物理和化学特性以及大气状态有关。目前，关于大气微量气体成分的干沉降速率的观测资料较少，相互差别也较大，如二氧化硫（$SO_2$）的干沉降速率为 0.14～2.20 cm/s，硫化氢（$H_2S$）的干沉降速率为 0.15～0.25 cm/s，氮氧化物的干沉降速率为 0.01～0.04 cm/s。

干沉降速率主要通过观测获得，常用的测量方法包括：①实验室测量：如置器测量法、风洞测量法等。②野外测量：如自然表面沉积法、烟流衰减测量法等。③微气象学测量：如梯度测量法、通量测量法等。干沉降速率的计算主要依赖以上观测方法获得的数据，结合气象、气候、陆地表面状态（粗糙度、下垫面特征等），建立估算公式。如特定粒径粒子的干沉降速率 $V_d$ 可用式（2-1）表达：

$$V_d = \left(\frac{A}{B}\right)\left[1 - \alpha\left(K_{ss} + v_{gw}\right) + \frac{K_m\alpha\left(K_{bs} + v_{gw}\right)}{K_m + \alpha\left(K_{ab} + K_{bs} + v_{gw}\right)}\right] + \frac{\alpha\left(K_{bs} + v_{gw}\right)\alpha\left(K_{ab} + v_{gd}\right)}{K_m + \alpha\left(K_{ab} + K_{bs} + v_{gw}\right)}$$

（2-1）

其中，参数 $A$，$B$ 分别为

$$A = K_m\left[(1-\alpha)K_{as} + \alpha K_{ab} + v_{gd}\right] + (1-\alpha)(K_{ss} + v_{gd})\alpha\left(K_{ab} + K_{bs} + v_{gw}\right) \quad （2\text{-}2）$$

$$B = K_m\left[(1-\alpha)(K_{as} + K_{ss}) + \alpha(K_{ab} + K_{bs}) + v_{gw}\right] + (1-\alpha)(K_{as} + K_{ss} + v_{gw})\alpha\left(K_{ab} + K_{bs} + v_{gw}\right)$$

（2-3）

式中，$\alpha$ 表示破碎表面所占比例；$K_{as}$ 表示光滑表面湍流转移系数；$K_{ab}$ 表示破碎表面湍流转移系数；$K_{ss}$ 表示光滑表面转移系数；$K_{bs}$ 表示破碎表面转移系数；$K_m$ 表示横向转移系数；$v_{gw}$ 表示潮湿粒子的重力沉降速率；$v_{gd}$ 表示干燥粒子的重力沉降速率。

特定粒径粒子沉降速率 $V_d$ 则可表述为

$$V_d = \frac{\sum_{i=1}^{n} v_{di}C_i}{\sum_{i=1}^{n} C_i}$$

（2-4）

式中，$v_{di}$ 表示第 $i$ 粒径段粒子的沉降速率；$C_i$ 表示第 $i$ 粒径段化学组分的浓度；$n$ 表示气溶胶粒子粒径分段数量。

以大气化学组分干沉降为例，其通量 $F_d$ 的计算公式为

$$F_d = V_d \times C_d$$

（2-5）

式中，$C_d$ 表示大气中化学组分的年均含量。

与干沉降不同，湿沉降是悬浮于大气中的颗粒物经由降水（雨、雪、雹等）冲刷降入陆地和海洋冰冻圈表面的过程。大气中的雨、雪、雹等降水形式和其他形式的水汽凝结物都能对大气化学组分起到清除作用，因此湿沉降亦称降水清除或湿清除。湿沉降过程从云的形成开始，按照云所在高度分成"云中清除"和"云下清除"。"云中清除"是由于气溶胶粒子本身可作为凝结核而形成云滴的一部分，此类的粒子最容易被降水过程清除。在云形成发展过程中，大气微量气体成分不能作为凝结核的粒子，但可通过扩散、碰撞、并合等过程进入云滴，跟随降水被清除出大气。如果云不形成降水，则随着

云的消失、云滴蒸发，云滴中的微量气体成分和气溶胶粒子（包括凝结核）将重新出现在自由大气中，因而无降水云将不构成清除过程。"云下清除"的发生，是水滴在下降过程中进一步吸收大气微量成分和气溶胶粒子，并把它们带到地面，这种过程极为复杂，清除效率与云底高度、降水粒子的大小和形状，以及被清除成分的物理化学性质有关。

与干沉降类似，湿沉降作用亦可用湿沉降速率来度量，其定义为单位时间内单位水平表面上某种成分沉积的质量。湿沉降速率与降水强度有关，沉积总量与降水量有关。以大气化学组分湿沉降通量 $F_w$ 计算可用式（2-6）：

$$F_w = \sum_{i=1}^{n} P_i C_i \tag{2-6}$$

式中，$P_i$ 表示第 $i$ 次降水的降水量，$i$ 表示降水次数；$C_i$ 表示第 $i$ 次降水中的化学组分浓度；$n$ 表示全年降水总次数。

综上，化学组分干湿沉降的总通量 $F_t$ 可通过式（2-7）进行计算：

$$F_t = F_d + F_w \tag{2-7}$$

式中，$F_d$ 表示化学组分干沉降通量。

## 2.1.2　清除效率

由于常年较低的温度，降雪是冰冻圈湿沉降的最重要形式，也是各种化学组分被清除出大气从而进入冰冻圈的重要环节。降雪中不同化学组分的清除效率被用来度量相应组分从大气中清除的难易程度，通常用清除比率来表示。清除比率 $R$ 被定义为降雪中某种化学组分的含量相对于同时段该组分在大气中含量的比值。可表示为

$$R_{\text{清除比率}} = \frac{[X]_{\text{降雪}}}{[X]_{\text{大气}}} \tag{2-8}$$

式中，$[X]_{\text{降雪}}$ 和 $[X]_{\text{大气}}$ 分别表示某种化学组分在降雪和大气中的含量（单位分别为 μg/L 和 μg/m³）。相应地，当某种化学组分的清除比率越大，则越容易被降雪从大气中清除。需要指出的是，目前许多报道的沉降速率是基于在近地面监测到的某种大气组分的含量与降雪中对应组分的比值，由于大多化学组分含量在近地面要大于高空，所以最终得到的清除效率值会小于实际值。

清除效率具有重要的科学意义，是研究某种化学组分在大气中传输、沉降及其寿命的重要指标，亦是进行大气传输模型研究的重要输入参数。通常认为，降雪对许多大气组分的清除效率高于降雨。例如，在北极地区的研究表明，北极降雪对大气颗粒物中铅的清除效率是降雨相应值的 5 倍多。由于粒径、亲水性等物理化学性质的差异，降雪对不同化学组分的清除效率也有很大差异，例如，同为碳质气溶胶的黑碳和有机碳，因为黑碳的粒径比有机碳小，且具有较强的疏水性，在排放源区降雪对有机碳的清除效率约

为黑碳的 2 倍,实验测得有机碳和黑碳的清除效率分别为 0.40 和 0.17。因而,相对于有机碳,黑碳不易被降雪从大气中清除,从而更易于进行长距离传输到达全球偏远地区。此外,由于在大气中停留的时间不同,降雪对同种大气组分的清除效率会发生变化,具有很大的时空差异性。例如,在排放源地黑碳清除效率要远小于硫酸盐,但经过长距离的传输后,其亲水性会逐渐增强。

## 2.1.3 雪冰淋融和离子脉冲

淋融作用是雪层中化学成分及各种杂质随融水迁移和流失的结果。从微观角度而言,淋融是由于雪层内温度和水汽变化导致雪冰颗粒发生形变,在发生升华(颗粒减小)或聚合(颗粒增大)时雪冰颗粒表面的溶质发生迁移,会迅速进入雪层中融水并随之向下渗透,进而吸纳更多下部雪层溶质。

气温对淋融过程有良好的指示作用,通过对雪层进行离子含量和气温进行持续观测,可解译积雪中不同组分随温度变化的淋融清除速率和过程。日均气温和积温都可作为分析统计的手段。另外值得说明的是,气温变化速率和模态等对淋融的强度有一定影响,日内气温呈"锯齿状"围绕零度线上下波动,导致雪层内部发生日间淋融而夜间冻结,形成反复冻融循环。这一过程会使雪层内的化学组分更加不均一。一般而言,化学成分的淋融过程是非线性的,其淋融的优势顺序和速度根据雪冰成分本身的特性及其初始含量、雪冰物理性质和环境因素,特别是温度变化等因素相关。

淋融作用的强弱可使用富集系数($CF_i$)来表示:

$$CF_i = \frac{M_i}{P_i} \tag{2-9}$$

式中,$M_i$ 表示某种特定组分在融水中的含量;$P_i$ 表示雪层中该组分的初始含量。积雪表层淋融开始时的主要离子组分的 $CF_i$ 值一般在 2～10 之间,一些冰面发育的积雪底部的 $CF_i$ 值可达数 10,可能是高浓度溶质融水被冰层截留发生横向流动,导致融水和雪冰接触时间增长,进而吸纳更多溶质的原因。对不同时段不同成分 $CF_i$ 进行观测计算,可以获取雪层淋融的动态过程。对不同组分的 $CF_i$ 进行比较,也可得到给定区域和环境条件下雪层物质淋融的优先顺序。

积雪融水与原始积雪的离子浓度并不相同,初始积雪融水中的离子含量远高于雪层的离子含量。积雪开始消融的最初几日时间内,初始融水中离子浓度很高,这是由于少量的融雪水,在短至数小时长至数日内,将积雪中 80% 之多的化学物质排出,并可使径流化学成分产生瞬时高峰。这一现象首次于 1978 年由挪威水文学家 Johannessen 和 Henriksen 发现,并命名为离子脉冲(ionic pulse)。在全球气候变暖的大背景之下,季节性积雪对气候变化十分敏感,对全球变暖具有强烈的反馈响应,是冰冻圈区域最为活跃的环境因素之一。开展季节积雪水文化学研究可作为该评价区域环境质量和污染水平的基本依据，亦有助于预测未来气候情景条件下高山积雪区河流的水质变化。

## 2.1.4 多年冻土活动层淋溶过程

多年冻土活动层淋溶作用是指活动层中可溶性或悬浮性化合物（黏粒、有机质、易溶盐、碳酸盐和铁铝氧化物等）在水分受重力的作用下，由活动层上部向下部迁移或发生侧向迁移的一种过程。在淋溶过程中，活动层中水分将溶解的物质和未溶解的细小土壤颗粒带到深层冻土，使有机质等土壤养分向活动层剖面的深层迁移聚集甚至流失进入地表生态系统。该过程中，活动层中的物质可能会经过溶解、化学溶提、螯合和机械淋移等作用。

淋溶作用源于地表水入渗过程中对土壤上层盐分和有机质的溶解和迁移，水分在这一过程中主要以重力水形式出现。水中的各种溶质极易发生相互之间及其与水之间的各种化学反应，具有良好的对土壤物质的迁移和转化能力，即具有较强的溶解力。在淋溶过程中水分与岩土不断发生接触，从而溶解岩土中的可溶盐成分，如 $NaCl$（盐岩）、$CaCO_3$（方解石）、$Na_2SO_4$（石膏）等，这些可溶盐类在水中以中性分子及离子状态存在。例如，方解石在水中溶解后，大多数呈 $Ca^{2+}$ 及 $CO_3^{2-}$ 离子状态。随着盐类化合物组成元素的电价增高，或化学键中共价键性增强，化合物的解离程度迅速减小。淋溶过程中一部分难溶物质进入水中后，会以胶体形式存在。胶体质点具有特别大的比表面积、特殊的表面电荷及强烈的吸附作用等特性，使胶体溶液对难溶化合物迁移有重要意义。胶体具有强大的吸附能力，所以胶体溶液的形成不仅会造成岩土中一些难溶物质的淋失，更会通过吸附作用而使岩土中的一些微量元素如 Cu、Co、Zn、Pb 和 Ba 等发生流失。

在冻土区土壤的淋溶作用与冻融循环息息相关，冻结期冻土中水分迁移较慢，淋溶作用较弱，随着冻土的融化土壤中的水分含量增加，水分迁移速率加快，淋溶强度增大。冻土区土壤发生的比较特殊的淋溶作用包括水漂作用和灰化作用两个方面。前者是指土壤亚表层在冻结状态影响下，氧化铁被还原并随侧向水流失的漂洗作用；后者是指土壤解冻后，土壤亚表层的铁、铝氧化物与腐殖酸形成螯合物，向下淋溶并淀积于心土层或底土层的作用。

## 2.1.5 海冰排盐过程

盐度是海冰的一种特性，取决于其形成条件和环境，包括冻结前海水的盐度、结冰速度和成冰的时间长短（即"冰龄"）。海水的盐度越高，所形成冰的盐度也越高，反之亦然。海冰形成时的气温越低，冻结速度就越快，冰层厚度的增长也越快，盐分来不及从冰晶中析出，盐度相应就大。通常，新形成海冰的盐度多为海水盐度的 1/6～1/4。在海冰表层，与空气直接接触，冻结速度快，卤水不易排出。随着冰厚度的增加，冰的生长变缓慢，并且冰针有规则地垂直定向排列，卤水很容易排出。因此，盐度在冰层中的分布是由上层向下层递减。但是，海冰表层融化的速率也快，因而出现冻融反复使得卤水向下析出，导致海区海冰盐度随厚度的增加出现各种变化。例如，辽东湾海冰盐度由上而下呈"C"形，波罗的海海冰盐度出现"S"形或更加复杂。海冰的盐度还与冰龄有关，一般情况下，冰龄越长，冰的盐度越小。

假定海冰生长速率和渗透率恒定，排盐过程中海冰盐度 $S_{ice}$ 可用式（2-10）表示：

$$\frac{S_{ice}}{S_0} = \frac{\rho_0}{\rho_i} \phi_c \left( 1 + \frac{h}{z_x} \right) \tag{2-10}$$

式中，$S_0$ 表示海水盐度；$\rho_0$ 和 $\rho_i$ 分别表示海水和淡水冰的密度；$\phi_c$ 表示海冰未脱盐时临界孔隙度；$\frac{h}{z_x}$ 表示脱盐海冰的无量纲厚度，可通过式（2-11）计算：

$$\frac{h}{z_x} = \frac{\phi_c}{2} \frac{v}{\gamma_s w_0} \left[ -1 + \sqrt{1 + \frac{2(1 - \phi_c)}{\phi_c^2} \frac{\gamma_s w_0}{v}} \right] \tag{2-11}$$

式中，$v$ 表示海冰垂直生长速率；$\gamma_s$ 表示须拟合的待定参数；$w_0$ 表示速度标度，通常 $\phi_c = 0.05$，$\gamma_s w_0 = 4.5 \times 10^{-8}$ m/s。

## 2.2　化 学 过 程

化学反应过程是一种不仅包含化学现象，同时也包含物理特性的传递现象。传递现象包括动量、热量和质量传递，再加上化学反应。化学反应是指分子破裂成原子，原子重新排列组合生成新分子的过程。化学组分在冰冻圈存在着各种化学反应过程，冰冻圈各组分化学形态的变化深刻影响着生物地球化学循环过程，从而对冰冻圈气候和环境产生重要影响。

### 2.2.1　同位素分馏

某化学元素的同位素在物理、化学及生物作用过程中以不同比例分配于两种或两种以上物质之中的现象称为同位素分馏。同位素分馏是自然界中最常见的现象，其广泛存在于化学反应、蒸发作用、扩散作用、吸附作用以及生物作用等过程中。上述反应过程所引起的热力学和动力学同位素分馏，几乎均为与质量相关，称为同位素质量分馏（mass-dependent fractionation, MDF）。对质量分馏来说，某一元素的不同同位素 $\delta$ 值之间遵循一种固定的关系，凡是偏离这种关系的分馏则称为同位素非质量分馏（mass-independent fractionation, MIF）。在过去几十年中，相继在陨石、气溶胶、干旱地带地表盐、矿石、火山喷发物质以及冰芯、湖芯等载体中观察到了 MIF 现象。MIF 效应可以用来解释其他代用指标所不能解释的现象，目前已被成功应用于环境及气候变化等相关研究领域，其在冰冻圈领域的应用也引起越来越多的关注。

同位素是示踪冰冻圈化学组分生物地球化学循环过程的重要手段之一。本小节将以氧和硫元素为例，分别阐述氧和硫同位素质量分馏与非质量分馏的基本原理和主要方法，并列举其在冰冻圈科学研究中的应用。

对氧同位素（$^{16}O$、$^{17}O$ 及 $^{18}O$）而言，与质量相关的分馏称为氧同位素质量分馏（O-MDF）。自然界中绝大部分物理、化学及生物过程中有关氧的分馏均遵循 O-MDF 规律，该分馏过程所引起的 $\delta^{18}O$ 变化接近 $\delta^{17}O$ 变化的两倍[式（2-12）]。而 O-MIF 效应[式（2-14）]则由 Clayton 等（1973）在 Allende 碳质球粒陨石中首次发现，随后 1983 年科研人员在分子氧形成臭氧的光化学反应实验中观测到 O-MIF 效应并对此做出了解释（Thiemens and Heidenreich, 1983），即当 $O_2$ 失去电子形成 $O_3$ 时，会伴生一种以前未曾被发现过的同位素分馏作用，在这一过程中引起的 $^{17}O/^{16}O$ 的变化以及 $^{18}O/^{16}O$ 的变化近乎相等，这有悖于先前的 O-MDF 规律，随即 O-MIF 效应引起了相关研究学者的极大关注。在此后的研究中，O-MIF 信号相继在不同载体中被发现。

对氧同位素而言，其质量分馏可通过式（2-12）计算：

$$O\text{-}MDF: \delta^{17}O = 0.52 \times \delta^{18}O \tag{2-12}$$

其中，

$$\delta^{17}O = \left( \frac{R_{^{17}O\text{-sample}}}{R_{^{17}O\text{-reference}}} - 1 \right) \times 1000\ ‰ \tag{2-13}$$

$$\delta^{18}O = \left( \frac{R_{^{18}O\text{-sample}}}{R_{^{18}O\text{-reference}}} - 1 \right) \times 1000\ ‰ \tag{2-14}$$

$$R_{^{17}O} = \frac{^{17}O}{^{16}O} \tag{2-15}$$

$$R_{^{18}O} = \frac{^{18}O}{^{16}O} \tag{2-16}$$

氧同位素非质量分馏则可通过式（2-17）计算：

$$O\text{-}MDF: \Delta^{17}O = \delta^{17}O - 0.52 \times \delta^{18}O \tag{2-17}$$

地球各圈层中发现的 O-MIF 效应均直接或间接来自平流层中 $O_3$ 的化学反应。由于 O-MIF 效应的迁移作用，$O_3$ 中的 MIF 信号会传递到其他基团或物质中，例如，$O_3$ 产生的 MIF 信号会通过系列光化学反应传输给·OH 和 $H_2O_2$。$O_3$、·OH 及 $H_2O_2$ 等氧化剂氧化 $SO_x$、$NO_x$ 以及含碳化合物的过程中，会最终将 MIF 信号传输到硫酸盐及硝酸盐等自然界物质中。

硫元素在自然界中有 4 种稳定同位素（$^{32}S$、$^{33}S$、$^{34}S$ 及 $^{36}S$），绝大部分硫化物以及硫酸盐中的硫同位素（$\delta^{33}S$、$\delta^{34}S$ 及 $\delta^{36}S$）之间存在一种固定的比例关系[式（2-18）～式（2-25）]，凡是符合这种关系的分馏被称为硫同位素质量分馏（S-MDF），而偏离这种关系的分馏现象被称为硫同位素非质量分馏（S-MIF）。长期以来，人们认为地球自然界中各种过程所引起的硫同位素分馏均属于 S-MDF，直至 20 世纪 90 年代末期，通过对地球早期的沉积岩和变质岩中硫同位素组成进行分析，才偶然发现了 S-MIF 这一重要的分馏现象，随后 S-MIF 现象在大气气溶胶以及南极冰芯等载体中被相继发现，它为许多重要假说提供了新的研究思路。

目前，有关 S-MIF 信号来源机制的问题，有以下代表性观点：即对于太古代沉积物样品中的 S-MIF 信号，推测其来源于缺氧大气条件下 $SO_2$ 的气相光解及氧化过程；对于对流层气溶胶等一些现代富氧大气条件下的硫酸盐样品，其 S-MIF 信号来源于平流层 $SO_2$ 光解、平流层气团的下降传输以及 S-MIF 信号的迁移等过程（如燃烧氧化过程）。

硫同位素的相关分馏参数定义如下：

$$\delta^{33}S = \left( \frac{R_{33S-sample}}{R_{33S-reference}} - 1 \right) \times 1000 \text{ ‰} \tag{2-18}$$

$$\delta^{34}S = \left( \frac{R_{34S-sample}}{R_{34S-reference}} - 1 \right) \times 1000 \text{ ‰} \tag{2-19}$$

$$\delta^{36}S = \left( \frac{R_{36S-sample}}{R_{36S-reference}} - 1 \right) \times 1000 \text{ ‰} \tag{2-20}$$

$$R_{33S} = \frac{^{33}S}{^{32}S} \tag{2-21}$$

$$R_{34S} = \frac{^{34}S}{^{32}S} \tag{2-22}$$

$$R_{36S} = \frac{^{36}S}{^{32}S} \tag{2-23}$$

其中，硫同位素质量分馏可通过式（2-24）和式（2-25）计算：

$$\delta^{33}S = 1000 \times \left[ \left( 1 + \delta^{34}S/1000 \right) - 1 \right)^{0.515} - 1 \right] \tag{2-24}$$

$$\delta^{36}S = 1000 \times \left[ \left( 1 + \delta^{34}S/1000 \right) - 1 \right)^{1.9} - 1 \right] \tag{2-25}$$

硫同位素非质量分馏可通过式（2-26）和式（2-27）计算：

$$\Delta^{33}S = \delta^{33}S - 1000 \times \left[ \left( 1 + \delta^{34}S/1000 \right) - 1 \right)^{0.515} - 1 \right] \neq 0 \tag{2-26}$$

$$\Delta^{36}S = \delta^{36}S - 1000 \times \left[ \left( 1 + \delta^{34}S/1000 \right) - 1 \right)^{1.9} - 1 \right] \neq 0 \tag{2-27}$$

氧及硫同位素的 MIF 效应在地质学、大气科学、地球化学和环境科学等学科中的应用引起了相关研究人员的极大兴趣，其在大气（包括古大气）的氧化能力及氧化过程、矿床成因、火山活动对气候的影响以及硫循环等研究中显示出了强大的示踪能力。近年来，MIF 效应也被成功应用到冰冻圈相关研究领域。通过分析格陵兰 GISP2 深冰芯中硝酸盐 $\Delta^{17}O$ 信号，重建了过去 10 万年大气氧化能力的变化情况，揭示了大气（古大气）氧化能力随气候变化的关键信息；通过对珠峰南坡 Gokyo 湖泊沉积物中硫酸盐 $\Delta^{33}S$ 及 $\Delta^{36}S$ 信号的分析，重建了过去 200 年珠峰地区硫循环历史，进一步促进了人们对高海拔地区的环境变化特征的认识。

## 2.2.2　光化学作用

光化学作用是指物质在可见光或紫外线的照射下吸收光能而发生的化学反应，主要包括光合作用和光解作用。大气中微量化合物发生化学转化的光化学反应不仅发生在气液相中，而且还发生在对流层冰相中。同时，这种反应会发生在极地和高山地区的冰冻圈积雪的上层。微量化合物在雪中的光化学反应对冰冻圈地区大气边界层化学成分的组成，以及对雪冰中关于过去大气组成历史序列的解释具有重要意义。其中一个重要的化学反应是硝酸盐的光解作用，它导致雪中羟基自由基（·OH）的形成，并向大气释放活性氮化合物，如氮氧化物（NO 和 $NO_2$）和亚硝酸（$HNO_2$）。硝态氮（$NO_3^-$）的光解被认为是地表积雪的关键反应之一，对地表积雪的成分和过程产生一定的影响。初始亚硝酸盐浓度的增加将导致雪中光化学作用下硝酸盐的大量形成，当挥发性和活性氮化合物释放到气相之后，也会影响大气。

在南北极地区，光化学作用可以改变硝酸盐在雪冰中沉积后的浓度。在积雪积累速率极低的极地地区，表层雪中硝酸盐的大量流失是由于 $NO_3^-$ 光解作用所造成。这种效应影响了对粒雪和冰芯中 $NO_3^-$ 剖面的解释，尽管这些剖面可对过去大气中活性氮化合物水平的信息进行揭示。此外，$NO_3^-$ 光解可以进一步影响雪冰中的微量化合物。控制实验表明，这一过程能在雪中形成高活性的羟基自由基，这与水相过程相一致。同时，生成的·OH 有可能影响其他有机化合物，并最终导致甲醛、乙醛和丙酮等氧化碳氢化合物的形成。

## 2.2.3　氧化还原反应

电子在物质之间的传递引起氧化还原反应，表现为元素价态的变化。冻土中参与氧化还原反应的元素有 C、H、N、O、S、Fe、Mn、As、Cr 及其他一些变价元素，较为重要的是 O、Fe、Mn、S 和某些有机化合物，并以氧和有机还原性物质较为活泼，Fe、Mn、S 等的转化则主要受氧和有机质的影响。冻土中的氧化还原反应在干湿交替下进行的最为频繁，其次是有机物质的氧化和生物机体的活动。氧化还原反应影响着冻土形成过程中物质的转化、迁移和土壤剖面的发育，控制着冻土养分的形态和有效性，制约着冻土环境中某些污染物化学组分的形态、转化和归趋。因此，氧化还原反应对于冻土化学具有十分重要的意义。

# 2.3　生物过程

化学是在分子水平研究物质性质及变化规律，而生物的特点是有新陈代谢，整个新陈代谢过程从微观角度看都是生物体对环境物质的吸收、转化，而这些过程都是在分子水平，发生化学反应变化。因此，生物很多宏观表现都是通过微观化学变化引起，冰冻圈化学与冰冻圈生物的活动密不可分。生物组分活动深刻影响冰冻圈化学循环变化，是对冰川、冻土和海冰等化学变化产生重要作用的关键过程之一。

## 2.3.1　甲基化

甲基化是指从活性甲基化合物上将甲基催化转移到其他化合物的过程，可形成各种甲基化合物，或是对某些蛋白质或核酸等进行化学修饰形成甲基化产物。在生物系统内，甲基化是经酶催化的，这种甲基化涉及重金属修饰、基因表达的调控、蛋白质功能的调节以及核糖核酸（RNA）加工。以汞（Hg）元素为例，汞的生物甲基化主要是指微生物甲基化过程，微生物甲基化作用的研究兴起于 20 世纪 70 年代，研究者发现在无机汞溶液中加入微生物提取物——甲基钴胺素后可以产生甲基汞。经过室内培养实验以及野外采样分析，人们逐渐发现甲烷菌、硫酸盐还原菌（SRB）以及铁还原菌等是主要的甲基化微生物。微生物甲基化主要受到微生物群落结构、环境汞浓度和形态、氧化还原条件、pH 值、以及有机质等因素的影响。冰冻圈中汞的甲基化过程是指生态环境（雪冰、冻土、沉积物、水体等）中的无机汞（$Hg^0$、$Hg^{2+}$）在生物和非生物作用下转变为有机形态的甲基汞。甲基汞具有很强的生物毒性并能随食物链营养级增高而富集，最终对人类健康产生威胁。环境中甲基汞含量受到生物和非生物因素的控制（如去甲基化），它是动态的化学反应过程，反映的是净甲基化作用的结果。

## 2.3.2　甲烷的产生与氧化

冻土中甲烷（$CH_4$）的微生物过程主要包括微生物的有氧分解和 $CH_4$ 氧化过程，以及 $CH_4$ 的产生过程。$CH_4$ 的释放主要由两个微生物过程组成：厌氧土壤层，在产甲烷菌作用下通过氢还原 $CO_2$ 和乙酸发酵途径产生 $CH_4$；有氧土壤层，甲烷氧化菌对 $CH_4$ 进行氧化消耗。因此，$CH_4$ 在土壤和大气间的交换通量主要由 $CH_4$ 在土壤传输过程中的产生和氧化速率决定。如果在土壤剖面上产 $CH_4$ 速率比 $CH_4$ 氧化速率大，$CH_4$ 就可以通过弥散作用释放到大气中，即较慢的扩散途径。另外，$CH_4$ 还可以通过其他途径向大气输送，即微管植物传输途径和较快的气泡转运途径。因此植被在多年冻土 $CH_4$ 的直接转运和微生物介导的碳素地球化学循环过程发挥着重要作用。植被既可以加速也可以减缓 $CH_4$ 的释放：一方面，微管植物的通气组织将氧气输送到植物根际，促进微氧环境 $CH_4$ 的氧化；另一方面，植物组织又可以避开有氧土层将厌氧环境产生的 $CH_4$ 直接转运到大气中。此外，植物凋落形成的腐殖质和根系分泌物也为产甲烷菌提供了作用底物，从而促进 $CH_4$ 的释放。

多年冻土区土壤有机质分解过程伴随着土壤和大气之间的气体交换及土壤内部的能量流动过程。多年冻土微生物的好氧分解过程和产甲烷过程伴随着热量的产生与释放，产甲烷过程比好氧分解产生的热量要小得多。另外，甲烷氧化菌将土壤中的 $CH_4$ 氧化生成 $CO_2$ 的过程也会产生较多的热量。土壤微生物在有机质分解过程中释放的热量和氧气在土壤剖面上的扩散会强烈地控制有机质分解过程。多年冻土区微生物分解有机质的过程可概括为：首先，由于地表热扩散和伴随着呼吸作用产生的热量促使活动层深度增加，导致有机质逐渐开始分解；其次，当土壤温度接近于 0℃时，呼吸作用产生的热量足以防止冬季冻结过程，并且可增强呼吸作用；再次，当氧气被呼吸作用消耗，上述过程不能够继续进行时，将会发生产甲烷过程，并且多年冻土退化会促使有机质厌氧分解；最后，当深层土壤有机质密度较低时，分解速率再次降低。

## 2.3.3　硝化与反硝化

硝化过程与反硝化过程是冻土微生物参与土壤氮循环的关键过程之一。硝化过程是指有机体通过微生物的分解和矿化作用，将有机氮转化为铵根（$NH_4^+$）离子，主要包括自养硝化过程和异养硝化过程。反硝化作用实质上是硝化作用的逆过程。是指在厌氧条件下，硝酸盐或亚硝酸盐被反硝化细菌还原为 $N_2O$ 或 $NO$，进而被还原为 $N_2$ 的厌氧呼吸过程。冻土区土壤基本属性、凋落物分解、微生物种类以及所处地理环境的不同，致使冻融过程中不同生态系统氮的矿化作用存在较大差异。冻融过程主要通过影响土壤的物理化学性质及生物学性状进而对生态系统氮循环过程产生影响。土壤有机氮的矿化过程主要受冻结温度和冻融次数的影响。通常冻融作用会促进土壤有机氮的矿化过程，气候变暖增加了微生物活性，也进一步促进了硝化与反硝化过程。

## 思　考　题

1. 概述影响冰冻圈化学的关键过程有哪些。
2. 试述生物过程如何影响冰冻圈化学组分的变化。

# 第3章
# 冰冻圈化学组成及时空分布特征

冰冻圈不同要素的形成和发育有着时空异质性，冰冻圈化学成分的时间和空间变化反映了其来源、传输和沉降的时空差异，具有重要的环境意义。本章主要介绍不同化学组分在冰冻圈各环境介质中的组成特征和时空分布格局，按照无机化学组分、有机化学组分和同位素分类阐述。其中无机化学成分介绍主要阴阳离子、电导率与 pH 值、重金属、黑碳和不溶微粒等无机组分。有机化学成分主要包括有机污染物、天然气水合物、有机碳、有机质和外聚合物等。同位素作为研究冰冻圈化学的重要手段，亦在本章进行单独阐述。

## 3.1　无机化学成分

### 3.1.1　主要阴阳离子

主要阴阳离子（$Cl^-$、$SO_4^{2-}$、$NO_3^-$、$Ca^{2+}$、$Mg^{2+}$、$K^+$、$Na^+$、$NH_4^+$）是雪冰中可溶性无机化学成分的主体，在全球的空间分布上存在显著的差异，不同区域雪冰中离子含量的差异可以达到几个数量级。南极冰盖内陆区域主要离子的含量最低，该地区是西南极海汽通道上气团传输的终点，陆源物质和人类排放污染物传输的最远点，该地区的雪冰化学特征基本上代表了对流层顶和平流层底部大气环境状况的全球本底值。北极地区由于海陆分布复杂，同时被北半球人类活动区所围绕，雪冰化学成分的源区及传输过程和路径较为复杂，雪冰中主要化学离子在北极的地域分异规律显著；最明显的例子是北冰洋中心海域与格陵兰冰盖的差异，由于格陵兰地区是北极受污染较轻的地区，而中心海域则是污染气团（"北极霾"）的交汇地带，该区域雪冰中化学离子浓度高于周边地区，表明北极海冰表层积雪化学离子反映了北极对流层下部现代大气环境的状况，而在格陵兰地区雪冰中离子浓度非常低，反映了北极对流层中部的状况。

青藏高原雪冰中主要离子浓度一般北部远高于南部地区，这种空间差异主要源于冬季和春季高原中部到北部以及我国西北地区频发的沙尘天气，为冰川区输送了大量的陆源物质。总体上青藏高原的化学离子以陆源为主（如 $Ca^{2+}$、$Mg^{2+}$ 和 $SO_4^{2-}$），反映出亚洲粉尘对青藏高原大气环境产生了极大影响。在全球范围内，喜马拉雅山高海拔地区的离子浓度与两极冰盖接近且较低，而在北冰洋中心海域和青藏高原北部雪冰中离子浓度呈现较高值，这种空间分布特征反映了全球或局地大气环境本底水平，受到自然（陆源和海源）和人为来源的双重影响。

南极和格陵兰冰盖雪冰中主要离子浓度表现出显著的季节变化特征（图 3-1），其中 $Ca^{2+}$ 和 $Na^+$ 的季节变化尤为突出。作为海盐气溶胶示踪物 $Na^+$，其在南极点和格陵兰 Summit 的季节变化相似且变幅较大（冬季比夏季高 5～10 倍），这与极地冬季海洋气团的频繁入侵紧密相关。与 $Na^+$ 相反，$Ca^{2+}$ 在南极点没有明显季节变化，但在格陵兰春季雪冰中 $Ca^{2+}$ 浓度较高。两极雪冰中 $Ca^{2+}$ 的季节信号在时间和幅度上的差异是由于 $Ca^{2+}$ 的双重来源（即地壳源（或陆源）和海洋源）所致。格陵兰雪冰中 $Ca^{2+}$ 以地壳物质来源占主导，主要来源于北半球高粉尘的春季；南极冰盖由于远离陆源物质集中的北半球，海洋源的 $Ca^{2+}$ 经历长距离传输到达南极内陆后无明显的季节变化。此外，格陵兰雪冰中 $Cl^-$ 的季节变幅较 $Na^+$ 要更小，虽然二者主要来源均为冬季海盐物质，但由于夏季 $Cl^-$ 还有其他渠道的来源（主要是氯烃类），因而平滑了季节差异。类似地，除海洋和地壳来源为主的上述离子外，其他酸根离子（如 $NO_3^-$ 和 $SO_4^{2-}$）在南极和格陵兰冰盖均表现为夏季或春季峰值，但并不突出。

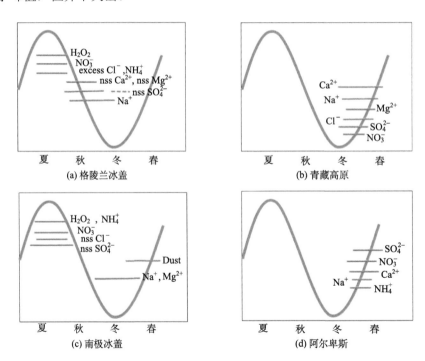

图 3-1　全球冰川中主要可溶离子的季节变化（改自 Whitlow et al., 1992）

注：excess 表示过量，nss 表示非海盐，全书同

北冰洋中心地带海冰上的积雪累积一般为 9 月至次年 5 月初，夏季北冰洋中心地带积雪很薄，至 7～8 月则消融殆尽。雪中绝大多数化学离子在冬季和春季出现峰值，主要受到春季粉尘、海盐和冬春季"北极霾"的影响。北冰洋中心地带雪层内化学离子的峰值出现季节和变幅显著不同于格陵兰 Summit，其主要原因可能是由于对流层下部传输的中低纬度污染物很难到达格陵兰高海拔地区。

青藏高原雪冰中主要化学离子的峰值出现在冬、春季（非季风期），而低值出现在降水集中的季风期（图 3-1），其中 $Ca^{2+}$ 和 $SO_4^{2-}$ 的季节变化最为明显，例如，珠穆朗玛峰地区春季积雪 $Ca^{2+}$ 浓度较夏季高出一个数量级，这种季节变化反映了冬季和春季高原和中亚频发的沙尘天气以及夏季大量的降水对气溶胶的去除作用。对阿尔卑斯地区而言，雪冰中主要离子峰值出现在春季，对应于撒哈拉沙漠沙尘频发时段，也反映了大气粉尘传输与沉降对雪冰离子组分的影响。

总之，南极、北极、青藏高原和阿尔卑斯雪冰化学离子的季节变化特点是：在南极冰盖，海盐气溶胶的"丰"季（夏季）形成雪层化学离子峰值；在北极，冬季和春季污染物（"北极霾"）和粉尘形成离子峰值；在青藏高原，主要是冬季和春季沙尘沉降形成明显的离子峰值；在阿尔卑斯，受春季沙尘事件影响形成离子高值（图 3-1）。上述地区雪冰化学季节变化具有明显区域差异，反映了全球海陆分布格局、大气环流形势和人类活动影响等条件下现代大气环境的地域分异，因而具有重要的环境指示意义。这些雪冰化学离子的季节差异，是不同地区大气中相应化学物质源区、源强，传输过程差异所致，客观上反映了现代全球大气环流和地表圈层的物质循环过程。此外，不同区域主要离子的显著季节变化，也为冰芯定年奠定了基础。

如前述，雪冰中的离子具有不同的来源，可以利用不同环境介质中离子的比例关系来区分其来源。例如，南北极雪冰中的海盐离子主要来源于周边海洋的释放，$Cl^-/Na^+$ 比值非常接近标准海水的比值（1.17），因此，雪冰中 $Na^+$ 和 $Cl^-$ 被认为是海盐离子的代表。为了进一步确定南北极雪冰化学离子的不同来源贡献量，可通过假定雪冰中的 $Na^+$ 全部来源于海洋，根据雪冰离子与 $Na^+$ 在标准海水中的比值公式即可区分海盐（sea-salt, ss）与非海盐（non-sea-salt, nss）的贡献量，具体公式如下：

$$A_{nss} = A_t - Na_t(A_s/Na_s) \tag{3-1}$$

式中，$A_t$、$A_s$ 分别为特定离子在样品中的实测浓度和标准海水中的浓度，$Na_t$、$Na_s$ 分别为样品中和标准海水中 $Na^+$ 的浓度值。

极地雪冰研究中的非海盐钙离子（$nssCa^{2+}$）经常被用作反映大气粉尘的指标，非海盐硫酸根（$nssSO_4^{2-}$）被认为是火山喷发的重要指标之一。通过冰芯中 $nssSO_4^{2-}$ 历史记录可以成功恢复过去百年至千年尺度全球重要的火山喷发事件。

冰川或积雪在消融过程中，由于融水下渗作用而导致雪层中化学成分发生迁移转化的现象称为化学离子的"淋融作用"（wash out 或 elution of ions）。对没有淋融作用或淋融作用较弱的冰川（如南极、北极冰盖），化学离子保存了当时的原始记载，可据此恢复古环境和古气候。然而，对于淋融作用强烈的山地冰川，粒雪融化时 50%～80%的化学离子会随最初 30%的融水流失。因此，冰川雪层中融水对化学离子成分的再迁移作用极大改变了雪层内化学离子的原始季节变化记录。因此，弄清楚淋融前后各离子分布的差异，是进行高精度冰芯古环境、古气候记录重建的重要依据。进一步提高冰芯研究的精度和可信度，有待于冰川现代过程的研究，即研究现代环境状况下，各种冰芯记录指标从大气沉降到冰面及其在雪冰内所发生的一系列物理的、化学的或生物的迁移转化，并寻求导致变化的主要影响因素。建立转换模式，并由此更精确地根据冰芯记录反推出沉积时的气候、环境状况。因而，对于冰川现代过程的深层次研究，将为冰芯记录研究奠定更加坚实的基础。

## 3.1.2 电导率与 pH 值

电导率是反映雪冰中总离子含量的综合性指标，电导率的变化反映了雪冰化学特征和化学组分的浓度变化。利用雪冰中不同离子与电导率的关系可以认识影响电导率的主导因子，因而电导率总体上反映了大气环境状况，是全球冰冻圈地区大气环境的敏感"指示器"。南极冰盖和格陵兰冰盖雪冰的电导率与 pH 值之间存在较好的正相关关系，并据此可以恢复历史时期火山喷发事件（产生大量硫酸盐）。例如，南极雪冰中电导率与 $SO_4^{2-}$，$NO_3^-$ 和 Cl$^-$浓度之间均存在较好的正相关，而电导率与铝硅酸盐（主要以地壳来源为主）之间呈反相关性，表明海盐酸性离子在雪冰化学性质中占据主导地位，亦指示南极冰盖化学物质的最根本来源是海洋。由于雪冰内杂质倾向于聚集到冰晶间界面，从极地雪冰化学离子与 pH 值之间的相关性说明，大量赋存的酸性化学成分可导致冰晶界面上的 pH 值下降。总之，极地雪冰电导率与 pH 值的关系反映了酸性离子（如 Cl$^-$和 $SO_4^{2-}$等）对雪冰化学的主导作用。

青藏高原雪冰（如唐古拉冬克玛底冰川、古里雅冰帽和珠峰远东绒布冰川）电导率与 pH 值呈反指数相关，说明青藏高原与极地冰盖状况相反，酸性离子不是雪冰电导率的主控因子，而碱性离子则对电导率起到主导作用。例如，青藏高原陆源碱性气溶胶的沉降作为冰雪化学成分的主要部分，$Ca^{2+}$ 与电导率的相关性最好，表明青藏高原雪冰中 $Ca^{2+}$ 较其他化学离子可能更为敏感的指示雪冰化学组分的大气传输过程及源区。总之，青藏高原雪冰电导率与 pH 值及化学离子的关系明显不同于两极地区，其雪冰电导率依赖于地壳来源的碱性矿物盐类杂质（如 $Ca^{2+}$ 和 $Mg^{2+}$等），因而与雪冰 pH 值呈反相关；极地冰盖雪冰电导率主要依赖于海洋来源的酸性离子（如 Cl$^-$和 $SO_4^{2-}$等），因而与雪冰 pH 值呈正相关。

### 3.1.3　重金属元素

工业革命以来，人类活动在加速改变社会发展历史进程的同时，也给环境造成了巨大影响，并造成了环境中化学元素的再分配。重金属一般以很低的天然含量广泛存在于自然界中，但人为排放的增多已经造成了全球范围的重金属污染。重金属在极地和山地冰川中的含量变化可以作为评价人类活动对大气环境影响的良好指标。雪冰中重金属含量的季节和空间变化特征可以反映大气环境中重金属输送和沉降过程以及各种贡献源随季节和空间变化的信息，是全面认识冰芯中重金属记录历史变化的基础。

北极格陵兰冰盖中 Pb、Cd、Zn 和 Cu 的浓度水平随季节变化显著，秋季和冬季重金属浓度较低，最大值出现在晚冬和早春。不同排放源区对雪冰中重金属的贡献存在显著差异，人为源在全年都是主要来源，其中大气雾霾的贡献量在春季有明显增加，而海盐的贡献量较小。格陵兰雪冰重金属空间分布特征主要表现为北部地区 Pb 的含量较高，而中部地区 Cd、Zn 和 Cu 的含量高于南部地区。南极 Dollema 岛雪冰 Pb、Cu、Zn 和 Cd 的浓度随季节变化显著，其中 Pb 浓度在秋季和冬季出现最大值，比夏季浓度高 3 倍。在空间分布上，南极表层雪中重金属（如 Pb）含量沿横穿南极冰盖的断面（Seal Nuntaks 至 Mirny 站）自西向东呈递增的趋势，其中横穿路线西段 Pb 的浓度反映出该区域大气降水 Pb 含量的现代本底状况，而横穿路线东段 Pb 含量则较高，与局部人类活动密切相关。在南极冰盖毛德皇后地（Queen Maud Land）两条路线（Asuka–S16 和 S16–Dome Fujii）上，表层雪冰中重金属（如 Cu）的沉降通量随着距离海岸的增加而显著降低。

无论是以粉尘源为主还是人为源为主的各类重金属，其在中、低纬山地冰川中的含量均远高于格陵兰和南极冰盖的含量。同样，青藏高原雪冰中重金属浓度水平亦显著高于南极、北极地区，而且在空间变化上主要与距离粉尘源区和人类活动区远近密切相关。雪冰中重金属含量在季节上表现为非季风期高、季风期低（图 3-2）。青藏高原的重金属主要来自陆源物质的输入，人类活动排放的影响较小，但存在空间差异。以 Pb 为例，随着海拔的升高和距离人类工农业活动区的增大，Pb 的人为源贡献由 59.3% 下降到 10%，且大部分区域 Pb 的人为贡献低于 30%（图 3-3）。青藏高原雪冰中总汞浓度均在 15 pg/g 以下，与南极、北极等世界其他偏远地区雪冰中总汞浓度相当，表明青藏高原代表了全球偏远地区雪冰的总汞浓度状况。雪冰汞浓度表现出显著季节变化特征，即季风期较低而非季风期较高；在空间变化上呈现"北高南低"的分布态势。总汞和不溶微粒浓度具有较好的对应关系，说明青藏高原大气汞传输和沉降主要是以颗粒态汞的形式发生（Zhang et al., 2012）。通过对大气汞沉降通量估算表明，青藏高原大气汞沉降通量在 $0.88 \sim 8.03$ μg/(m$^2$·a) 之间变化，亦大体呈现"北高南低"的分布态势，与世界范围内大气汞自然沉降速率相当，但显著低于城市地区（如北京）的大气汞沉降速率（黄杰，2011）。现代雪冰中重金属浓度的时空变化将为我们评估人类活动对不同区域大气重金属污染物的影响程度提供基础。

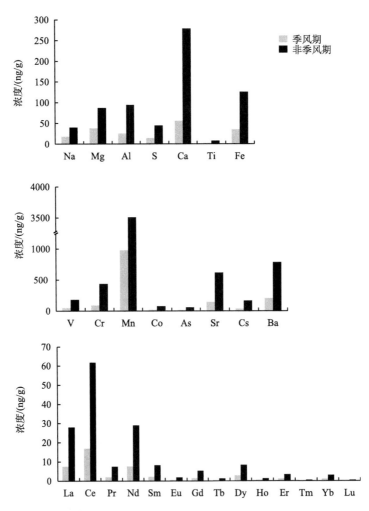

图 3-2　珠穆朗玛峰东绒布冰川粒雪中季风期与非季风期重金属及其他元素浓度对比
（引自 Kang et al., 2007）

为了评估雪冰中重金属的自然源与人为源贡献，判断人类活动对雪冰中重金属的影响程度，利用元素的地壳富集系数（crustal enrichment factor, $EF_X$）来分析雪冰中元素的富集程度，计算公式（3-2）如下：

$$EF_X = \frac{(C_X / C_R)_{\text{snow/ice}}}{(C_X / C_R)_{\text{crust}}} \tag{3-2}$$

式中，$C_X$ 表示研究元素的浓度；$C_R$ 表示选定的参比元素的浓度；下角 snow/ice 表示雪冰中元素的浓度，crust 表示地壳中元素的平均浓度。参考元素一般采用地壳元素 Al、Si 和 Fe 等。地壳元素平均组成采用 Taylor 和 McLennan 的上陆壳（upper continental crust, UCC）数值。由于地壳平均元素组成与所关注的特定研究地点之间可能存在差异，因而通常选择 EF 为 5 作为区分自然和人为影响的参考标准。即如果富集因子 EF<5，则可以认为该元素相对于地壳而言没有富集，如果富集因子>5，则认为雪冰中的该元素相对于地壳而言是富集的，不仅有地壳自然源物质的贡献，而且受到人类活动排放污染物的影响。雪冰中重金属元素富集因子分析发现，南极、北极和山地冰川雪冰中重金属元素（如Pb、Zn 和 Cu）均已受到人类活动释放污染物所带来的显著影响。

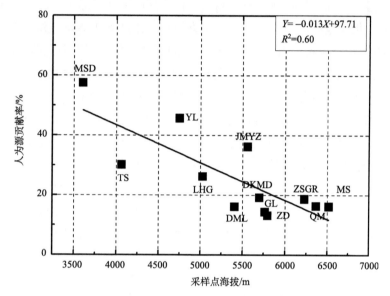

图 3-3　雪冰记录人为源 Pb 的贡献比率与雪坑采样海拔高度的关系（改自 Yu et al., 2013）

MSD：木斯岛冰川; TS：天山 1 号冰川; YL：玉龙雪山; LHG：老虎沟 12 号冰川; DKMD：冬克玛底冰川; DML：德木拉冰川; JMYZ：杰玛央宗冰川; GL：果曲冰川; ZD：扎当冰川; MS：慕士塔格冰川; ZSGR：藏色岗日冰川; QM：东绒布冰川

## 3.1.4　黑碳

雪冰的反射属性是其自身特性（如雪粒径、密度、含水量、杂质等）的综合体现。新雪的反照率最高（0.8～0.9），随时间推移，新雪逐渐粒雪化，晶粒变形并不断密实化，粒径增大，雪中杂质增多，反照率不断下降。大气中的吸光性颗粒物，如黑碳、棕碳和粉尘吸收太阳短波辐射，对大气有显著的增温作用。当颗粒物沉降到雪冰表面之后形成吸光性杂质，杂质导致雪冰反照率降低，增大了雪冰对太阳辐射的吸收效率，最终导致雪冰加速消融。对积雪反照率影响较大的杂质主要有黑碳、棕碳、矿物粉尘和火山灰等。其中，黑碳对反照率的影响最大，其减少雪冰反照率的能力大概是粉尘的 50 倍和火山灰的 200 倍左右。

北极不同地区雪冰中黑碳浓度存在空间差异，靠近北极点及亚北极地区黑碳浓度约为数个至十几 ng/g，如北极点地区约为 5 ng/g，北冰洋低纬度地区约为 10 ng/g，加拿大亚北极地区雪冰黑碳浓度约为 8 ng/g，加拿大亚北极地区为 14 ng/g，俄罗斯西部和东部雪冰中黑碳浓度可达 21~34 ng/g，Svalbard 地区雪冰中黑碳为 13 ng/g。

受到人类活动黑碳排放的影响，中低纬度地区雪冰中黑碳浓度空间差异显著。如北美大部分地区降雪中 BC 含量为十几个 ng/g，但不同季节（如春季粉尘输入较大时）或新降雪中 BC 含量可高出一个数量级。中国北方积雪中 BC 含量差异巨大，东北部靠近西伯利亚南缘地区 BC 含量仅为 50~150 ng/g，而在东北重工业区 BC 含量可达 1000~2000 ng/g，内蒙古一带则为 100~600 ng/g。青藏高原地区雪冰中 BC 平均含量约为 50 ng/g，较南极、北极地区偏高，但高原南部喜马拉雅山地区雪冰黑碳浓度较低，均值约为 16 ng/g（图 3-4）。新疆天山地区雪冰中黑碳的浓度最高，积雪消融期高达 3000 ng/g。积雪和冰川中的黑碳浓度空间分布主要与距离黑碳排放源的远近密切相关。由于受人类活动影响较小，使得南极地区雪冰中黑碳含量最低，仅为数个 ng/g。总之，全球雪冰中黑碳空间分布特征表现为，南极等偏远地区雪冰中黑碳浓度非常低，代表全球黑碳浓度背景水平，而受人类活动影响较大的区域雪冰中黑碳浓度水平高于南极、北极地区。雪冰中黑碳的时空格局与局地环境、人类活动排放，以及大气环流因子等密切相关。全球雪冰中黑碳亦存在明显的季节变化特征，南极、北极地区黑碳的最高值出现在冬季，青藏高原南部雪冰黑碳浓度则表现为非季风期高、季风期低的特征，高原中部和北部则呈相反的季节特征，不同季节黑碳的峰值主要受到跨境黑碳气溶胶传输的影响。

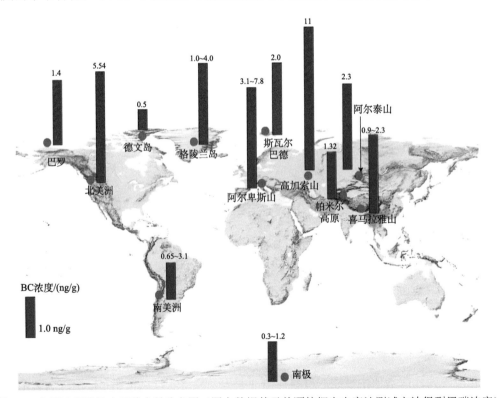

图 3-4　全球冰川雪冰中黑碳含量分布图（图中数据基于单颗粒烟尘光度计测试方法得到黑碳浓度）
（改自 Kang et al., 2020）

黑碳沉降到雪冰表面之后，其含量在雪层中的分布、与雪粒的包裹形态随着雪的老化、融化、再冻结等过程而发生变化。例如，在美国奥林匹克山脉 Blue 冰川雪层中黑碳的迁移转化过程中，亲水黑碳仅在顶部有残留，疏水黑碳则在整个雪剖面上均有分布，火山灰基本残留在上部 15 cm 的积雪中。即在雪冰融化过程中，黑碳可随雪冰融化迁移到下层雪中，清除效率可达 20%，这一效率数值是模型模拟黑碳对雪冰反照率与辐射强迫影响的基础。同时，不同雪冰类型（如新雪区、老雪区、裸冰区）黑碳浓度存在显著差异，通常而言老雪和裸冰中黑碳浓度相对较高，新雪的黑碳浓度较低。例如，北极地区融化季节雪层中 BC 含量较寒冷季节偏高，归因于夏季融化期 BC 在雪层表面的积累。天山乌鲁木齐河源 1 号冰川消融期雪冰 BC 含量（～3000 ng/g）要比未消融的夏季表雪（～400 ng/g）高出一个数量级。青藏高原其他冰川区，如纳木错流域扎当冰川、高原中部唐古拉小冬克玛底冰川、高原西部的木吉冰川、高原北部祁连山老虎沟 12 号冰川等研究均发现，老雪中 BC 含量显著高于新雪，也进一步证实雪冰消融导致 BC 在雪冰表面的富集。

　　雪的融化过程不仅影响 BC 在雪层的分布和含量，也改变 BC 与雪粒的混合状态。雪粒内部的杂质大都亲水或者结合水分子形成水化物，雪粒表面水分子迁移和融水冲刷将可溶物几乎清除殆尽，而将 BC 等暴露于雪粒外，致使 BC 吸收辐射能力降低，对雪冰反照率的影响降低；而雪的老化又导致 BC 在表雪富集，增强了 BC 对反照率的影响。雪冰中 BC 不仅与大气环境中 BC 的含量、沉降方式（干沉降或湿沉降）及雪的升华、融化、再冻结过程有关，也与湿雪的比表面积、水膜厚度等影响有关。

## 3.1.5 不溶微粒

　　目前关于雪冰粉尘沉降的研究主要集中在北半球不同区域的山地冰川和极地冰盖。表征粉尘研究的主要指标为粒度分布、浓度、沉积通量等。从全球冰冻圈整体来看，中亚、北美洲及欧洲阿尔卑斯等山地冰川中粉尘浓度较高，尤其粉尘在中亚和青藏高原北部的雪冰中表现出高浓度（图 3-5）。北极（如 Penny 冰帽、Alaska 冰川、格陵兰 Summit）和南极地区（如 Dome Argus）雪冰中粉尘平均浓度远低于我国西部冰川区（如天山乌鲁木齐河源 1 号冰川、各拉丹冬冰川、崇测冰帽）和瑞士阿尔卑斯山 Torgnon 冰川，以及美国西部落基山脉 Olympic Peninsula 冰川区。青藏高原北部祁连山冰川区与中亚内陆冰川区及东亚日本 Tateyama 山等雪冰中微粒的浓度和通量都具有极高相似性。天山与祁连山均处于亚洲内陆的粉尘源区，两地雪冰中的粉尘浓度和沉降通量显得很高，反映了微粒从周边粉尘源区大量输入冰川区。此外，祁连山和天山雪冰中的微粒浓度和通量远远高于极地地区，这是由于南北极距离大沙漠和干旱粉尘源区较远，因而极地粉尘沉降的浓度和通量均较少（图 3-5）。

　　高海拔地区雪冰中微粒量主要受粉尘源区远近和源区强弱的影响。在高空传输过程中粉尘含量逐渐减小，粒度分布通过逐渐分选而颗粒粒径变细。从位于亚洲粉尘源区周

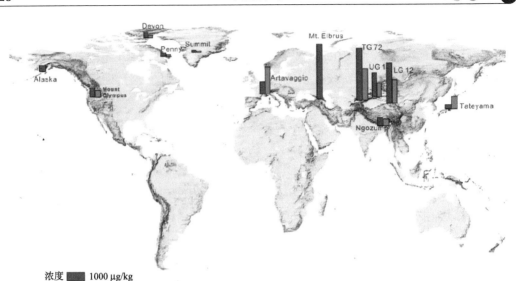

图 3-5　不同区域冰川雪坑和冰芯中不溶微粒浓度和通量的对比（改自 Dong et al., 2020）

注：UG1 表示乌鲁木齐河源 1 号冰川；LG12 表示老虎沟 12 号冰川；TG72 托木尔峰 72 号冰川

边的天山–祁连山–青藏高原，到喜马拉雅山区高海拔冰川、再到两极地区，沉降到雪冰中的粉尘依次表现出粒度众数逐渐减小的变化趋势。例如，位于青藏高原南缘东绒布冰川中粉尘粒度由于层层分选作用变得很小，然而距离粉尘源区较近的高海拔地区（如哈密、老虎沟、托木尔峰）雪冰中粉尘粒度、浓度以及沉降通量均较高，这些事实表明了高空粉尘的传输主要与干旱源区的距离远近密切有关。

全球冰川中微粒的粒径大小和分布模态亦呈现显著的空间差异。总体来说，中国西部冰川区粉尘具有很大的粒径分布众数值且分布模态单一，与南北极雪冰微粒粒径分布特征显著不同。例如，我国天山冰川区雪坑中微粒的粒径分布范围为 3～25 μm，呈单峰结构分布模式；而在北极格陵兰岛 Penny 冰帽粉尘粒径众数值为 1～2 μm 且呈双峰结构分布模式。南极冰盖和格陵兰冰盖中粉尘浓度季节变化表现为冬季高夏季低；而在我国西部冰川区，雪冰中粉尘浓度在沙尘活动频繁的 4～6 月出现峰值，主要与亚洲春季频繁发生的沙尘暴事件有关。开展粉尘理化性质（粒径大小、化学成分等）的季节变化及来源示踪研究可揭示出全球雪冰中粉尘分布的时空格局。例如，天山乌鲁木齐河源 1 号冰川雪冰粉尘粒径分布和化学离子组成（如代表粉尘矿物来源的 $Ca^{2+}$）在沙尘发生时期均出现最高值，且在沙尘季节表现出粒度的双峰分布模态。通过后向气团轨迹模型反演大气粉尘的传输路径发现在不同季节大气粉尘来源不同，春季沙尘频发导致雪微粒尘主要受中亚粉尘源区的长距离传输和沉降的影响。总之，南极、北极和中国西部冰川区雪冰中粉尘具有显著的时空差异，表现出显著的空间特征和强烈的季节变化，主要原因受周边及全球干旱区粉尘传输距离的远近所控制。

# 3.2　有机化学成分

## 3.2.1　持久性有机污染物

有机污染物在冰冻圈环境记录研究中关注较多，特别是持久性有机污染物（POPs），主要与其稳定的化学性质和较长的大气生命周期有关。目前在距离人类活动较远的南北极地区和青藏高原地区都能检测到其分布。POPs 主要包括三类：①农药：有机氯农药和六氯苯（HCB）；②工业化学品：六氯苯（既是农药，也是工业化学品）和多氯联苯（PCBs）；③工业副产物：二噁英（PCDDs）和呋喃（PCDFs）。POPs 具有高毒性、持久性、生物累积性，可以通过大气环流从排放源区长距离传输到全球最偏远的地区（如南极和北极）。

雪冰中有机物的分布不仅可提供气候变化、生物活动的信息，而且能用于指示环境变化的过程。北极地区雪冰中 POPs 的最早报道见于 20 世纪 70 年代，之后学者陆续开展了大量研究。例如，挪威北极 Ny-Alesund 和 Troms 表层雪冰中多氯联萘的浓度远远高于加拿大北极，但低于东部北冰洋地区。相比北极地区，南极地区雪冰中 POPs 的报道较少，而且种类也少于北极。例如，1969 年报道了南极地区雪冰中 DDT 的浓度值为 0.04 ng/g，随后也报道了其他有机污染物（如 PCBs、HCH）的浓度水平。对南极地区一年的雪层和 20 年积累的雪层中 POPs 的分析发现，两者之间的 DDT 及其代谢物、PCBs 和 HCH 的浓度并没有明显差别，表明这些污染物从 1960 年就已经通过大气环流传输沉降到了南极。

由于中纬度雪冰区距离污染物源区更近，有机污染物在山地冰川的浓度普遍要高于极地地区。例如，从青藏高原南部喜马拉雅山地区雪冰中检测到了通过印度季风携带而来的南亚有机污染物。珠峰雪冰有机氯农药（organochlorine pesticides, OCPs）中的 Hexachlorobenzene（HCB）、$p,p'$-DDT 和 $p,p'$-DDD 浓度范围分别为 44～72、401～1560 和 20～80 pg/L。从青藏高原希夏邦马峰达索普冰川（海拔 6400～7000m）雪冰中检测出源于石油残余物的姥鲛烷、植烷、$C_{19}$～$C_{29}$ 的长链三环萜、$C_{24}$ 四环萜、$C_{27}$～$C_{35}$ 的 αβ 型藿烷、$C_{27}$～$C_{29}$ 甾烷以及叠加于生物源上的正构烷烃，说明希夏邦马峰地区已受到人类活动源有机质的污染并记录了海湾战争的影响，该污染源主要与世界上石油产量最高的中东地区有关。此外，青藏高原祁连山七一冰川、东昆仑山玉珠峰冰川、唐古拉山小冬克玛底冰川以及念青唐古拉山古仁河口冰川雪冰样品中自然来源和人类活动排放产生正构烷烃的含量变化及其分子组合特征分析发现，正构烷烃的含量从青藏高原东北部到南部依次减小，与高原南部的达索普冰川、阿尔泰山的 Belukha 冰川和 Sofiyskiy 冰川的含量在同一个量级，但都高于格陵兰冰芯记录。自然生物来源的正构烷烃在总正构烷烃中的贡献率远低于人类排放，表明快速的工业化发展已经影响到青藏高原冰川中有机污染物的组成变化。

## 3.2.2　天然气水合物

天然气水合物（gas hydrate），是在高压、低温的环境条件下由气体分子和水分子组成的类冰固态物质，主要有甲烷、乙烷（$C_2H_6$）、丙烷（$C_3H_8$）等烃类同系物及 $CO_2$、氮（$N_2$）、硫化氢（$H_2S$）等。其外形类似于冰，通常呈白色或者浅黄色，可以直接燃烧。水分子组成笼形类冰晶格架，气体分子充填在格架空腔中，组成单一或复合成分的天然气水合物。

自然界常见的天然气水合物主要气体组分为甲烷，甲烷气体含量超过 99%的天然气水合物被称为甲烷水合物。天然气水合物在自然界广泛分布于多年冻土区、大陆架边缘的海洋沉积物和深湖泊沉积物中。目前，已经在世界各地发现了大量的天然气水合物。天然气水合物具有高浓度、高储量等特点，但其极不稳定，易分解。1 $m^3$ 天然气水合物可转化为 164 $m^3$ 的天然气和 0.8 $m^3$ 的水，是一种能量密度高的非常规高效清洁能源。最新全球天然气水合物资源估计，多年冻土区为 1013～1016 $m^3$，海洋环境为 1015～1018 $m^3$，相当于全球现在已探明的天然气总储量的两倍以上。天然气水合物尽管在外形上类似于冰，但是其物理性质与纯冰相差较大。天然气水合物硬度和剪切模量小于冰，压实的天然气水合物密度与冰的密度大致相等，热传导率和电阻率远小于冰。天然气水合物能量密度高，是其他非常规气源岩（诸如煤层气、黑色页岩）能量密度的 10 倍，为常规天然气能量密度的 2～5 倍。天然气水合物极不稳定，全球气温升高，多年冻土退化破坏了天然气水合物赋存的温度和压力条件，极有可能导致天然气水合物分解而释放甲烷。因此，甲烷水合物被当作气候变化潜在温室气体来源。

美国阿拉斯加北坡和加拿大多年冻土区先后发现了天然气水合物的实物样品，俄罗斯多年冻土区油气资源研究显示广大的多年冻土区也赋存有丰富的天然气水合物。然而，陆地上天然气水合物的资源储量比海洋中要少，但陆地上多年冻土区天然气水合物多以层状和块状构造为主，且多为甲烷水合物，其含量比海洋要高得多，具有较高的开采经济价值。多年冻土发育与天然气水合物赋存有着密切的关系，多年冻土不仅控制了天然气水合物形成的温度和压力条件，而且由于多年冻土层是渗透性极低的地质体，可有效地阻止其下部的气体向上迁移，有利于天然气聚集，构成了天然气水合物形成时必要的圈闭条件。1980～1990 年在加拿大马更些三角洲地区开展天然气水合物资源调查和评估表明，天然气水合物主要发育在多年冻土层下 300～700 m 深度范围内。俄罗斯多年冻土地区发现多年冻土层间气体异常，推测在 250～300 m 深度范围内蕴藏有丰富的天然气水合物，这些蕴藏于多年冻土层间的天然气水合物被认为是残余型天然气水合物，或者是天然气水合物在负温下的自我保护效应引起的。

青藏高原多年冻土区面积广大，基本具备天然气水合物形成的低温高压条件。2007年开展了多年冻土区天然气水合物研究，并于 2008 年在祁连山区木里煤矿多年冻土区开展了钻探研究，并在约 130 m 深度上成功地钻取了天然气水合物实物样品。2009 年在该地点开展了第二次钻探工作，成功地在 130～260 m 深度范围内钻取了天然气水合物实物样品，50%左右的气体为甲烷，余下为一些重烃类气体，天然气水合物实物样品成功钻取标志着我国在陆地发现了天然气水合物。2013 年在青藏高原昆仑山垭口盆地实施天然气水合物钻探和测井研究，通过钻孔岩芯气体释放异常、地球物理测井和气体地球化学分析特征，发现昆仑山冻土区天然气水合物的赋存证据。它的发现标志着青藏高原腹地多年冻土区也可赋存天然气水合物，这为青藏高原多年冻土区天然气水合物的形成和赋存进一步研究提供了证据。

### 3.2.3 有机质

#### 1. 冰川有机质

有机质通常是一系列复杂有机分子组成的化合物，其种类可达数万余种，为了便于研究，通常研究总有机质的含量变化。在环境介质中，其水溶部分通常称为溶解性有机质（DOM），是有机质的重要组成部分，雪冰中包含的溶解性杂质中，DOM 含量占比可达一半以上；有机碳是天然有机质的主要组成部分，其质量贡献可高达 70%。天然有机物由于其含量巨大及广泛存在，对生态、生物和环境都有显著的影响；雪冰中有机质的 C、N 和 P，是生态系统以及微生物的重要营养物质，其在雪冰中的迁移转化也是生物地球化学循环中重要的组成环节。冰川中储存的有机质是重要的碳库，冰川消融释放的有机质能显著影响下游水生生态系统的生物地球化学循环。尽管全球山地冰川储量相比于极地冰盖较小，但是其消融速率快，以及其有机质含量高，因此其生物地球化学效应更为显著。

山地冰川或极地冰盖中有机质含量具有显著的空间分布特征，冰川消融区或冰盖边缘地区有机质浓度较高（ppm[①]级），而冰川积累区或冰盖内陆区有机质含量较低（ppb[②]级）。有机质的来源包括外来源和自身生产源两类，外源主要有大气沉降，但山地冰川周围冰碛物中的有机质传输到冰川表面也是其重要来源；自身生产源主要是指雪冰中微生物活动产生的有机质，该过程是冰川、冰盖消融区有机质的重要来源，且是冰川向下游输送有机质的主要源区。

一般通过评估雪冰中碳含量，特别是溶解性有机碳（DOC）来分析雪冰中有机质的历史变化。格陵兰冰盖、南极冰盖和阿尔卑斯山冰芯中 DOC 的分析表明，工业革命前 DOC 含量平均值分别为 20 μg/L、5～10 μg/L 和 70 μg/L，这种空间上的显著差异与不同地区大气中的有机组分对雪冰 DOC 的贡献量有关。阿尔卑斯山和格陵兰雪冰中 DOC 的含量在 20 世纪以来增加了 2 倍。格陵兰冰盖与阿拉斯加现代雪冰中 DOC 含量相当，约

---

① 1 ppm=$10^{-6}$

② 1 ppm=$10^{-9}$

为 200 μg/L，但是低于其他山地冰川。在青藏高原地区，雪冰中 DOC 的平均含量约为 500 μg/L（图 3-6），相对于极地而言，青藏高原可能更多受有机碳排放的影响。

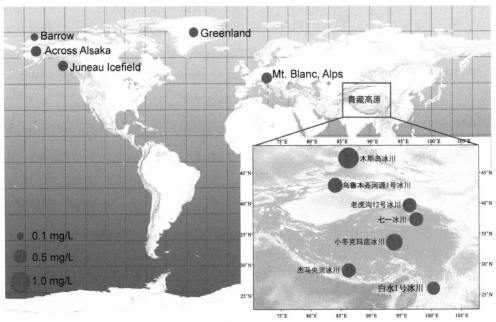

图 3-6　雪冰中 DOC 含量空间分布（改自 Zhang et al., 2020）

### 2. 冻土有机质

多年冻土区有机质包括有机碳和有机氮等。土壤有机碳储量的分布取决于多年冻土区范围及沉积层厚度。北半球多年冻土区有机碳储量主要是针对 3 m 深度的沉积层，其中泥炭土和泥炭扰动的矿质土有机碳含量最高。在高纬度地区泥炭土占据了相当大的面积，是主要的碳存储库。最新估算的环北极地区土壤碳储量范围为 1400～1850 Pg C，其 0～3 m 不同深度土壤有机碳密度具有显著差异（图 3-7），其中表层 0～1 m 深度土壤有机碳密度大于深层土壤，沉积层较厚的地区有机碳储量高于较薄的地区。另外，多年冻土区冻融扰动作用可将土壤碳快速从分解层中移除，影响有机碳的垂直分布。

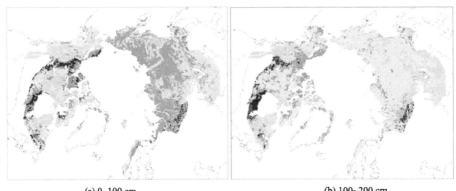

(a) 0~100 cm　　　　　　　　　　(b) 100~200 cm

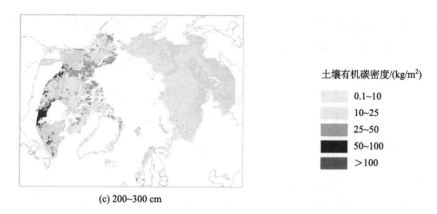

(c) 200~300 cm

图 3-7 北半球多年冻土区土壤有机碳密度分布（改自 Hugelius et al., 2014）

青藏高原多年冻土区面积约占北半球多年冻土区总面积的 6%，而青藏高原多年冻土区土壤有机碳储量约占北半球多年冻土区碳库的 8.7%。青藏高原高寒草地广泛分布，其土壤碳密度高于其他地区，约 51.5% 的有机碳储存在于高寒草地土壤，其中 0~0.75 m 高寒草地土壤有机碳储量约 33.52 Pg。青藏高原表层 0~2 m 有机碳和有机氮储量分别为 17.07 Pg 和 1.72 Pg，其中 1~2 m 深度土壤有机碳和有机氮储量分别为 3.57 Pg 和 0.35 Pg。青藏高原土壤有机碳密度自东南向西北减小，其分布特征主要受水分、地形、植被和土壤类型等影响（图 3-8）。

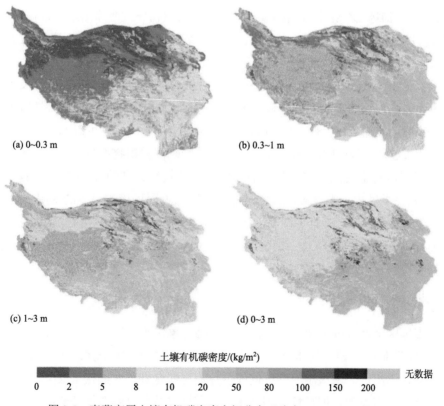

图 3-8 青藏高原土壤有机碳密度空间分布（改自 Jiang et al., 2019）

1980～2010 年青藏高原表层土壤速效氮储量显著增加 24%,速效磷和速效钾储量分别显著减少 3%和 23%。虽然气候、冻土、植被、土壤性质以及它们之间的相互作用对土壤养分的时空分布具有重要影响,但是土壤初始营养储量解释了营养物质含量变化的最大比例。多年冻土区土壤碳、氮分布与活动层厚度分布紧密相关,主要由于活动层厚度决定了土壤的温度和水分含量,进而影响植被的发育以及地上和地下生物量。

### 3. 海冰有机质

海冰中 DOM 主要是由碳水化合物、氨基酸及复杂化合物如腐殖酸等组成,同时也含有大量的溶解有机硫化物（如二甲基磺酸丙酸酯等）。分子水平 DOM 的特征认识目前仍较为匮乏,其粒径范围可从单体到大分子聚合物。分子粒径大小可指示化合物的生物可利用性,DOM 通常分为两类,即生物可利用组分以及难降解组分。海冰 DOM 所含组分来源于海冰中有机体的生物排放以及海冰形成过程中捕获的化学物质,前者 DOM 的浓度要比后者高出几个数量级,可达 2.5 mmol/L。同时,部分 DOM 在新形成的海冰中较海水中呈富集状态。

DOM 通常通过 DOC 和溶解性有机氮（DON）进行测试分析。海冰有机碳浓度较海水明显富集。南极海冰 DOC 和 DON 浓度呈正相关,DOC/DON 值较高且变化较大。北极海冰中较高的 DOC/DON 值通常与较高的 DOC 浓度有关,可能主要是受富含 DOC 河水补给的原因。海冰 DOM 中较高的碳含量也可能与生物导致海冰碳水化合物增加有关,进而导致海冰的胞外聚合物（EPS）具有较高浓度。海冰融化时 DOM 的释放能够模拟表层海水微生物群落的原核活性。值得注意的是 DOM 具有发色基团,亦称之为有色溶解有机质（colored dissolved organic matter, CDOM）,能够吸收紫外波段以及光合有效辐射波段的光谱,进而影响海冰能量平衡以及在海冰栖息的有机体在紫外波段以及光合有效辐射波段的暴露程度。海冰融化时,南极海冰 CDOM 被认为可影响表层海水的光吸收特性,且通过紫外线（UV）吸收和可见光衰减影响浮游植物产量。这种效应在北冰洋可能有所减弱,与主要源于河水补给的表层海水中具有较高的 DOM 浓度有关。海冰 CDOM 受光化学过程影响显著,特别是漂浮海冰的表层可接收更多的太阳辐射。DOM 的光化学降解可导致 DOM 向 CO 和 $CO_2$ 的再矿化,以及形成海冰微生物食物链中生物可利用的有机组分。海冰 DOM 循环被认为是物理和化学作用,特别是光化学作用和微生物过程的协同作用过程。

### 4. 河湖冰有机质

冰冻圈地区大部分湖泊和河流存在冻结消融现象,季节性河湖冰的存在可通过减少光线摄入量、降低热传导和气体交换速率、阻断风力混合等改变湖水水柱（water column）物理结构和化学组成。南极湖冰冻结过程中,荧光性有机质（如氨基酸类物质）在湖冰和下覆湖水中均有发现,但是耦合到湖冰中的有机质是易分解的氨基酸类物质且占主要部分，来源于微生物源新产生的有机质。加拿大河湖冰中 DOC 和 CDOM 与下覆水体相比含量较低，其中 CDOM 从水到冰的排除因子（exclusion factor）范围约为 1.4～114，这比无机溶质的排除因子要高两倍。河湖冰形成中，不太复杂的、低分子量的分子易于保存在冰中。冰中有机碳的吸光性比下覆水体偏低，尽管冰内散射较高，冰中这种较弱的 CDOM 的吸光性允许相对较高的紫外线透射，导致冰内紫外线漫反射衰减系数显著降低。冰的这种相对较低的衰减会导致被逆层结封闭在表面附近的生物体在冰破碎前经历高紫外线照射。冰排斥效应导致 DOC 和 CDOM 趋于集中，有利于异养和混合营养过程，并影响生物地球化学相互作用。

# 3.3　同　位　素

同位素为质子数目相同但中子数目不同的一组原子，它们的化学性质相似，在元素周期表中处于同一位置。同位素有稳定和放射性同位素两种，不存在放射性衰变的同位素称之为稳定同位素，稳定同位素是相对于放射性同位素而言的。放射性同位素的原子核可以自发发射出 α、β、γ 粒子和能量而发生衰变，因而放射性同位素是指能自发衰变或者裂变的同位素。

## 3.3.1　稳定同位素概述

稳定同位素有传统稳定同位素（如 H、O、C、S 等，又被称为轻质量数稳定同位素）和非传统稳定同位素（如 Cu、Zn、Hg 等）。由于质子数相同，中子数不同的同位素原子或化合物之间的物理化学性质上的差异，造成它们在自然界中的各种地球化学作用过程中产生了同位素分馏。同位素具有示踪剂和环境指示剂特性，能够反映天然物质的来源、运移过程及经历的各种变化，因而稳定同位素可作为提取环境变化信息的重要指标。以轻质量数稳定同位素（H 和 O）为例，蒸发过程和凝结过程是自然界引起水稳定同位素变化的主要过程。蒸发过程主要与水的来源、水温以及水表面的干湿状况有关，而凝结过程中的分馏主要与凝结时的气温、水汽凝结的程度有关。因此可以通过水中同位素组成，研究水分来源、迁移转化等动态过程。同位素被广泛应用于水文学、大气科学、生态学以及环境地球化学等研究领域。本节主要介绍轻元素中的氢氧（如 H 和 O）和碳稳定同位素，以及重元素铅（Pb）、Hg、锶（Sr）和钕（Nd）稳定同位素在冰冻圈环境方面的应用。

同位素含量通常用同位素丰度、同位素比值和 $\delta$ 值表示。同位素丰度是指某种元素的各种原子数相对于其原子总数的百分比。同位素比值是指某种元素的两种同位素丰度之比，习惯上把重质量数的同位素原子记做分子，例如，氢稳定同位素比值为 D/H，氧稳定同位素比值为 $^{18}O/^{16}O$。由于天然产物中，不同样品的同位素含量差异甚微，用同位素丰度和同位素比值很难体现出这种甚微的差异，故而引入 $\delta$ 值。$\delta$ 值是指某一元素样品中的两种核素同位素的比值相对于某种标准样品对应比值的千分差值，表达如式（3-3）所示：

$$\delta = \left( \frac{R_{\text{样品}} - R_{\text{标准}}}{R_{\text{标准}}} \right) \times 1000 \text{‰} \qquad (3-3)$$

式中，$R$ 表示样品、标准样品的稳定同位素比值。样品中的 $\delta$ 值为正值时，表示样品相对于标准品富集重同位素；相反表示亏损重同位素。

### 1. 氢氧稳定同位素

雪冰中氢氧稳定同位素在研究气候环境变化中有广泛的应用。自然界中组成水分子的氧原子有三种稳定同位素，分别是 $^{16}O$、$^{17}O$、$^{18}O$，氢原子有两种稳定同位素分别为 $^{1}H$（氕）、$^{2}H$（D，氘）和一种放射性同位素 $^{3}H$（氚）。研究中常用的指标有 $\delta^{18}O$、$\delta D$（式（3-3））和过量氘（d_excess，定义为 d_excess= $\delta D-8\delta^{18}O$）。$\delta^{17}O$ 是一个由于水循环过程蒸发动力分馏产生的新指标，主要受水汽源区相对湿度控制。随着测试分析技术的发展，高精度测试 $\delta^{17}O$ 已成为可能，为定量恢复水汽源区的气候环境信息开辟了新途径。

氢氧稳定同位素作为冰冻圈化学研究手段之一，已取得一系列重要科学发现。20 世纪 50 年代研究人员发现高纬度地区降水中稳定同位素与气温之间存在显著的正相关关系，正是这一发现，使古气候和古环境研究迈入新的里程。在青藏高原北部降水中 $\delta^{18}O$ 与温度呈正相关关系，表现为"温度效应"。而高原南部降水中 $\delta^{18}O$ 与降水量存在一定的负相关关系，表现出"降水量效应"。同时，在青藏高原北部冰芯中 $\delta^{18}O$ 和温度之间也呈正相关关系；而在南部受夏季风影响的地区，季风的强弱影响了降水中 $\delta^{18}O$ 的变化，虽在较长时间尺度上，冰芯中 $\delta^{18}O$ 也能反映温度的变化，但在季节尺度上，冰芯中 $\delta^{18}O$ 与冰川积累量之间呈反相关。

### 2. 碳氮稳定同位素

#### 1）碳稳定同位素

碳是自然界中广泛存在的化学物质，几乎出现在所有的自然环境之中，存在两种稳定同位素，即 $^{12}C$ 和 $^{13}C$。植物光合作用是碳同位素分馏的一种特殊而重要的分馏方式。通常说的稳定碳同位素比值，即为 $^{13}C/^{12}C$ 的比值，以 $\delta^{13}C$ 表示，使用千分差单位（‰），表达如式（3-4）所示：

$$\delta^{13}C \text{ (‰)} = [(R_{\text{sample}} - R_{\text{standard}})/R_{\text{standard}}] \times 1000 \qquad (3-4)$$

碳同位素分析标准为 PDB，即产于美国南卡白垩系皮迪组（Pee Dee Formation）的拟箭石（Belemnite），其"绝对" $^{13}C/^{12}C = (11237.2 \pm 90) \times 10^{-6}$，定义其 $\delta^{13}C = 0$‰。

碳稳定同位素作为多年冻土区有机碳积累和碳周转的证据，可以深入揭示冻土有机质分解过程中所涉及的生物地球化学过程。由于土壤分解者优先分解 $^{12}$C，导致剩余土壤有机碳中 $^{13}$C 的富集，因此易分解物质具有较低的 $\delta^{13}$C 值。通常将 $^{13}$C 作为一种示踪剂，通过 $^{13}$C/$^{12}$C 比例的变化用于追踪植物，微生物和土壤之间的碳源和通量。在多年冻土区热融地貌区，通过对热融滑塌各阶段冻土样品添加 $^{13}$C 标记的葡萄糖发现，不稳定碳的输入显著促进了热融滑塌不同阶段多年冻土层土壤中 $CO_2$ 的释放，并且这种促进作用取决于多年冻土退化后土壤氮素有效性的变化。

沿着东西伯利亚北极大陆架（ESAS）7000 km 长的海岸线古老的冰沉积物及伴生的浅层海底多年冻土，是两个巨大的多年冻土碳库，但很大程度上它们对多年冻土退化及其分解的脆弱性是未知的。碳稳定同位素作为研究海洋及河流环境中识别有机碳源和周转时间的重要示踪剂。通过碳稳定同位素研究发现，海岸线附近的沉积物有机碳的 $\delta^{13}$C 值范围为–28.3‰～–25.2‰，而外围 ESAS 的 $\delta^{13}$C 值则为–24.8‰～–21.2‰，说明海岸线和沉积物侵蚀是 ESAS 有机碳的重要来源。

碳稳定同位素亦被用来研究水体有机质的来源和运移过程。青藏高原黄河、长江及雅鲁藏布江源头水体平均 $\delta^{13}$C 的分布范围为：–25.8‰±1.5‰，–25.9‰±0.7‰和–25.1‰±1.8‰，这与青藏高原表层土壤的 $\delta^{13}$C 值非常相似，反映了陆源有机质的典型值。利用 $\delta^{13}$C 同位素技术对阿拉斯加育空河上游陆源有机质的来源和运输进行研究，发现低分子量溶解性有机物（–27.9‰±0.5‰）、胶体有机质（–27.4‰±0.2‰）和颗粒有机质（–26.2‰±0.7‰）的 $\delta^{13}$C 值非常相近，表明它们具有共同的陆源输入。

### 2）氮稳定同位素

氮在自然界中有两种稳定同位素，即 $^{14}$N 和 $^{15}$N，表达如式（3-5）所示。氮稳定同位素技术正是利用不同来源氮和生物地球化学过程中有不同的同位素分馏特征来示踪含氮物质的来源、转化和迁移等。

$$\delta^{15}N\ (‰)=[(^{15}N/^{14}N)_{样品}\ /\ (^{15}N/^{14}N)_{标准品}-1]\times1000 \tag{3-5}$$

式中，$^{15}$N/$^{14}$N 表示样品和标准品的氮同位素比率，即样品和标准品所产生 $N_2$ 中 30/28 的绝对同位素比。这里的标准品为大气中的 $N_2$，其 $^{15}$N/$^{14}$N=(3676.5±8.1)×10$^{-6}$，定义空气的 $\delta^{15}$N=0。所以，当 $\delta>0$ 时，代表样品相对标准物质富集重同位素；当 $\delta<0$ 时，代表样品相对标准物质富集轻同位素。

氮在生物地球化学过程中稳定同位素存在不同分馏效应，引起自然界含氮物质 $\delta^{15}$N 的显著差异，其变化范围为：–40‰～+100‰。大陆物质的 $\delta^{15}$N 变化范围是–17‰～+30‰。因生物固氮、有机氮矿化中同位素分馏效应小，陆生植物 $\delta^{15}$N 比空气略低，为 0～–4‰。天然土壤氮一般为–3‰～+8‰，平均为+5‰。但吸收同化、硝化和反硝化过程中氮同位素分馏较大，硝化作用 $NH_4^+$、$NO_2^-$ 同位素分馏在–29‰～–18‰，反硝化作用硝酸盐的氮分馏系数在–40‰～–5‰。由于具有示踪和区分氮素物质的源与汇等优越性,氮稳定同位素在生态系统氮循环研究中发挥了极为重要的作用。例如,利用 $^{15}$N 同位素示踪技术研究冻土区草甸硝化作用;通过不同源区氮稳定同位素组成的差异,用于陆地冰冻圈地区的大气氮源示踪研究。苔藓是一种较理想的大气污染生物监测手段,应用苔藓 $\delta^{15}$N 可以指示人为成因的大气氮污染和氮沉降。此外,氮稳定同位素($\delta^{15}$N)还可以广泛用于生物对多氯联苯、DDT、氯丹(CHL)等有机氯污染物和 Hg、Cd、Zn 等重金属的生物放大作用的研究。

### 3. 重金属稳定同位素

重金属是指元素周期表中原子序数超过 40 的元素。尽管稳定同位素的丰度会因为放射性母体同位素的衰变及子体的积累而发生改变(如 $^{143}$Nd、$^{206}$Pb、$^{207}$Pb、$^{208}$Pb 等),重金属元素稳定同位素的比值较为稳定。重金属稳定同位素作为非传统稳定同位素的一部分,是随着同位素质谱测试技术的革新,特别是随着多接受电感耦合等离子体质谱仪(MC-ICP-MS)的问世而进入了蓬勃发展的时期。目前已经开展的重金属稳定同位素的研究包括 Fe、Ni、Cu、Zn、Sr、Ag、Cd、Sb、Hg 和 Ti 等元素。

重金属稳定同位素一般不因为物理或者生物过程而发生分馏作用,因此是研究冰冻圈环境中重金属元素来源、迁移和转化过程的重要示踪手段。例如,雪冰中多种重金属(如 Sr、Nd、Pb 和 Hg)的同位素比值已经被应用于指示冰冻圈环境过程和源区追溯。

#### 1)Sr 和 Nd

以和 Pb 稳定同位素为例,锶有四种稳定同位素:$^{84}$Sr、$^{86}$Sr、$^{87}$Sr 和 $^{88}$Sr。$^{84}$Sr、$^{86}$Sr 和 $^{88}$Sr 三种同位素绝对含量没有发生变化;由于 $^{87}$Rb 的放射性衰变,$^{87}$Sr 的含量随着时间增长而逐渐增加。通常用 $^{87}$Sr/$^{86}$Sr 来表示锶同位素的变化。由于 $^{87}$Sr 丰度的变化与 $^{87}$Rb 的放射性衰变有关,其变化程度不仅受到年代学效应的影响,而且还与 Sr 和 Nd 的地球化学性质和各种地球化学作用有关。

锶同位素在研究中还常用 $\varepsilon_{\mathrm{Sr}}$ 表示:

$$\delta_{\mathrm{Sr}}(t)=\left[\frac{(^{87}\mathrm{Sr}/^{86}\mathrm{Sr})_{m(t)}}{(^{87}\mathrm{Sr}/^{86}\mathrm{Sr})_{\mathrm{UR}(t)}}-1\right]\times10^{4} \tag{3-6}$$

式中,$\delta_{\mathrm{Sr}}(t)$ 表示 $t$ 时刻 $\varepsilon_{\mathrm{Sr}}$ 值;$(^{87}\mathrm{Sr}/^{86}\mathrm{Sr})_{m(t)}$ 表示样品 $t$ 时刻 $^{87}$Sr/$^{86}$Sr 的比值;$(^{87}\mathrm{Sr}/^{86}\mathrm{Sr})_{\mathrm{UR}(t)}$ 表示 $t$ 时刻均一储库的锶同位素组成,当 $t=0$(现代),其值 $(^{87}\mathrm{Sr}/^{86}\mathrm{Sr})_{\mathrm{UR}(t)}$ 为 0.7045。

自然界中钕有 7 种稳定同位素:$^{142}$Nd、$^{143}$Nd、$^{144}$Nd、$^{145}$Nd、$^{146}$Nd、$^{148}$Nd 和 $^{150}$Nd。其中 $^{143}$Nd 是 $^{147}$Sm 经过一次 α 衰变形成的稳定同位素。所以 $^{143}$Nd 丰度的变化取决于天然物质中 Sm/Nd 比值和年龄。

钕同位素可以用 $\delta_{Nd}$ 表示，表示的意义为，相对于球粒陨石为标准，$t$ 时形成的岩石样品对其偏离程度的一种度量。具体表示如式（3-7）所示：

$$\delta_{Nd}(t) = \left[ \frac{(^{143}Nd/^{144}Nd)_{m(t)}}{(^{143}Nd/^{144}Nd)_{UR(t)}} - 1 \right] \times 10^4 \tag{3-7}$$

式中，$\delta_{Nd}(t)$ 表示 $t$ 时刻样品的 $\varepsilon_{Nd}$ 值，$(^{143}Nd/^{144}Nd)_{m(t)}$ 和 $(^{143}Nd/^{144}Nd)_{UR(t)}$ 分别表示样品和球粒陨石型均一储库在 $t$ 时刻 $^{143}Nd/^{144}Nd$ 比值。当 $t=0$，$(^{143}Nd/^{144}Nd)_{UR(0)} = 0.511836$（现代值）。$\varepsilon_{Nd} > 0$ 表示样品物质相对于球粒陨石有更高的 $^{143}Nd/^{144}Nd$；$\varepsilon_{Nd} < 0$ 表示被研究对象相对于球粒陨石具有更低的 $^{143}Nd/^{144}Nd$，以表示 Nd 同位素的富集及亏损。

Sr-Nd 同位素组成分布具有地带性，并且在大气迁移或沉积过程中很难被再改变，两者结合可以作为示踪雪冰粉尘源区的代用指标。以青藏高原为例，Sr 和 Nd 同位素特征表明在高原北部冰川硅酸盐矿物粉尘中呈现低 $^{87}Sr/^{86}Sr$ 比率和高 $\varepsilon(0)$ 比率；而在青藏高原南部粉尘中，呈现高 $^{87}Sr/^{86}Sr$ 比率和低 $\varepsilon(0)$ 比率。不同区域雪冰中 Sr 和 Nd 同位素与周边源区（如阿尔泰、天山、祁连山和喜马拉雅山）附近的沙土、黄土和河道沉积物的比值接近，说明青藏高原不同冰川区冰尘中的硅酸盐来源具有较强的区域性。

### 2）Pb 和 Hg

Pb 的稳定同位素有 $^{204}Pb$、$^{206}Pb$、$^{207}Pb$ 和 $^{208}Pb$。其中 $^{204}Pb$ 是非放射性成因的，迄今未发现其放射性母核，故被认为是元素合成过程所产生。$^{206}Pb$、$^{207}Pb$ 和 $^{208}Pb$ 都与放射性衰变有关，他们的母核分别为 $^{238}U$、$^{235}U$ 和 $^{232}Th$。由于 $^{204}Pb$ 绝对含量自地球形成至今仍保持不变，在同位素地球化学中经常用 $^{206}Pb/^{204}Pb$、$^{207}Pb/^{204}Pb$ 和 $^{208}Pb/^{204}Pb$ 的原子数目比表示铅同位素组成的变化。Pb 同位素由于其质量重，同位素间的相对质量差较少，外界条件的变化对其组成的影响很小，基本上不存在同位素的分馏效应。而且，不同来源的 Pb 通常具有不同的同位素比值，环境介质中 Pb 同位素组成只与物源同位素比值有关，与元素含量无关。因此，Pb 同位素组成是示踪 Pb 来源及源区变化的可靠手段。

以青藏高原为例，南部冰川雪冰中放射性成因 Pb 同位素含量高于北部地区；而在低海拔和接近人类活动冰川区，雪冰中人为源贡献的 Pb 占据主导地位。通过 Pb 同位素比值示踪研究表明，青藏高原高海拔雪冰中 Pb 主要受自然源输入的影响，例如珠峰雪冰中自然源对 Pb 的贡献比率约占到 70%作用。

近些年来，随着新一代 MC-ICP-MS 的发展和成熟，使准确测定汞元素稳定同位素的比值成为现实。区别于其他重金属元素，汞在自然界（如矿石、煤、土壤、沉积物、大气、降水）不仅广泛存在同位素质量分馏（$\delta^{202}Hg$），亦具有非质量分馏特征（奇数：$\Delta^{199}Hg$（‰），$\Delta^{201}Hg$（‰）；偶数：$\Delta^{200}Hg$（‰），$\Delta^{204}Hg$（‰））。汞同位素分馏特征差异表明汞同位素在应用于冰冻圈汞污染研究方面具有广阔前景。例如，雪冰作为记录大气汞沉降信息的重要环境介质，近些年不断涌现关于雪冰汞同位素的研究。北极雪冰中汞稳定同位素比值被成功测定，并发现受光致氧化还原反应影响，雪冰汞存在明显的汞同位素非质量分馏（$\Delta^{199}Hg$ 最高可达−6.0‰）。这些研究进展表明，汞同位素将为示踪冰冻圈环境中汞污染物来源和生物地球化学循环提供新的线索，亦是未来冰冻圈化学研究的一个重要方向。

## 3.3.2　放射性同位素

### 1. 放射性同位素概述

放射性同位素是指能自发衰变或者裂变的同位素。能自发衰变的同位素为母体，衰变过程所产生新元素的同位素为子体。放射性同位素的原子核很不稳定，会不间断地、自发地放射出射线，直至变成另一种稳定同位素，这被称为"核衰变"。放射性同位素在进行核衰变的时候，可放射出 α 射线、β 射线、γ 射线和电子俘获等。核衰变的速度不受温度、压力、电磁场等外界条件的影响，也不受元素所处状态的影响，只与核素本身有关。

放射性同位素衰变速率（$dN/dt$）与母体原子数（$N$）成正比，其指数方程可表示为

$$N = N_0 e^{-\lambda t} \tag{3-8}$$

式中，$\lambda$ 为衰变常数，代表单位时间内原子的衰减几率；$N_0$ 为 $t_0$ 时，母体同位素原子数；$N$ 是经过时间 $t$ 衰变后剩余的母体同位素的原子数。式子表示的物理含义为：放射性母体同位素随时间的推移呈现指数函数衰减。

由于衰变常数很小，实际应用中通常引入半衰期 $T_{1/2}$ 的概念。半衰期就是放射性母体同位素的原子数衰减到一半所需要的时间。半衰期 $T_{1/2}$ 与衰变常数 $\lambda$ 成反比，与开始衰变时母体同位素原子数无关。可表示为

$$T_{1/2} = \frac{\ln 2}{\lambda} \tag{3-9}$$

放射性同位素被广泛应用于地学研究领域，已产出一大批开创性成果。放射性同位素（如 $^{14}C$、$^{129}I$、$^{35}S$、$^{135}Cs$、$^{239}U$ 及 $^{240}Pu$）能通过经大气传输和沉降进入冰冻圈环境，然而有关冰冻圈介质中放射性同位素研究目前仍然较少。本节仅取碳和碘放射性同位素为例，介绍其在冰冻圈环境方面的应用。

### 2. 放射性碳同位素

碳同位素是鉴定大气污染物来源的重要示踪指标，尤其放射性碳同位素（$^{14}C$）被成功应用于鉴定化石燃料和生物质燃烧对碳质气溶胶的相对贡献。$^{14}C$ 在雪冰中黑碳来源研究中已有大量应用实例。例如，第三极地区雪冰中黑碳 $^{14}C$ 组成在区域上具有显著差

异。在青藏高原东北部雪冰（如老虎沟12号冰川）中黑碳受化石燃料影响较大，其贡献
比率可达到66%；高原中部雪冰（如小冬克玛底冰川）中黑碳则主要源于生物质燃烧，
其贡献比例可达70%；喜马拉雅山脉南坡的Thorung冰川雪冰中黑碳的化石燃料贡献约
为54%，与南亚源区的贡献比率一致。除最北部的老虎沟冰川外，图3-9表明生物质燃
烧对黑碳的贡献比率从高原边缘到高原内部呈现逐渐增加趋势。

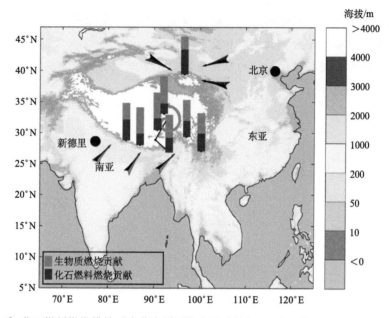

图 3-9　生物质、化石燃料燃烧排放对青藏高原雪坑中黑碳的相对贡献（箭头代表不同区域的黑碳来源）
（改自 Li et al., 2016）

### 3. 放射性碘同位素

　　环境中放射性同位素 $^{129}I$ 的来源主要受人类活动影响。当今环境中 $^{129}I$ 总量约为
6100 kg，其中99%是从核燃料后处理工厂排放进入环境中。相比之下，20世纪80年代
以前的核武器试验，包括1986年切尔诺贝利核事故（1.3～6 kg）和2011年福岛核事故
（1.2 kg）所释放到环境中的 $^{129}I$ 占比不足1%（57kg）。以气体形式释放到环境中的 $^{129}I$
占比约为30%。在福岛事故中，由于猛烈爆炸产生非常高的温度（超过1400℃），放射
性同位素首先被排出并分散到大气中，并可能转化为颗粒态赋存，它们停留时间长且分
布范围广。注入平流层和对流层的放射性同位素 $^{129}I$ 在高空传输扩散导致其全球广泛分
布。祁连山老虎沟冰川积雪中 $^{129}I$ 浓度比南极新雪高2个数量级，比人类核活动之前的
时期高出4个数量级，说明青藏高原东北部冰川环境中 $^{129}I$ 主要受人为源排放的影响。
对老虎沟冰川区积雪中 $^{129}I$ 沉积状况的评估发现，积雪中放射性核素碘可能主要受核武
器大气试验、核后处理设施和核事故释放的影响。$^{129}I$ 水平较欧洲区低1～2个数量级，

而与亚洲其他地区相比并无显著升高。$^{129}$I 与 $^{127}$I 原子比和 $^{129}$I 浓度水平海拔变化（4300～5100 m）出现明显增加趋势，表明青藏高原北部雪冰中 $^{129}$I 可能是来自对流层上部，继而指示在大气对流层中上部可能存有一个较高的 $^{129}$I 含量层。

## 思 考 题

1. 试述雪冰中不同无机溶解性离子的季节变化及其环境指示意义。
2. 简述全球雪冰中重金属的季节和空间变化。
3. 阐述碳同位素进行环境指示的理论基础，并举例说明其应用。

# 第4章
# 冰冻圈化学成分的来源与传输过程

本章主要介绍陆地冰冻圈、海洋冰冻圈和大气冰冻圈中各种主要化学成分的来源、传输等过程。侧重介绍化学成分的溯源，及其进入陆地冰冻圈和海洋冰冻圈中的过程与途径等基本概念。由于有关大气冰冻圈化学成分的相关研究和认识目前相对较为少见，本章仅对大气冰冻圈云层中冰核等化学成分的组成特征及来源等内容进行简要介绍。

## 4.1 陆地冰冻圈

### 4.1.1 陆地冰冻圈化学成分的来源

从来源来看，冰川（包括冰盖）和积雪是大气降水的产物，而降水和冰川的化学成分主要来自大气干沉降，以及降水在降落过程中对气溶胶的溶解和冲刷（图 4-1）。不同地区、不同气候条件对大气降水的化学成分有显著影响，且具有明显的区域差异和季

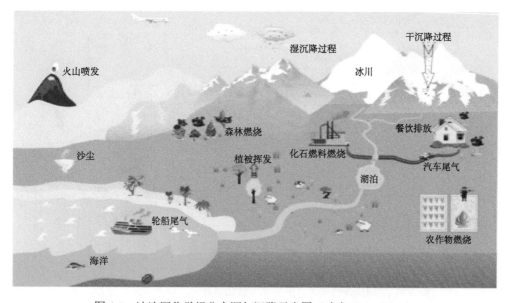

图 4-1　冰冻圈化学组分来源与沉降示意图（改自 IPCC, 2013）

节变化，这些信息通常会传输和保存到陆地冰冻圈中。大气降水中主要化学成分有 $HCO_3^-$、$SO_4^{2-}$、$Cl^-$、$NO_3^-$、$Na^+$、$Ca^{2+}$、$Mg^{2+}$、$K^+$ 和 $NH_4^+$，以及微量元素等。这些化学成分主要来自：①自然界的各种物理、化学和生物过程等的排放，如火山活动、沙尘暴、海浪、雷电、动植物排放、外太空尘埃等；②人类工农业生产等活动的各种污染物的大气排放。

此外，陆地冰冻圈中冻土的化学成分主要受到土壤特性以及与冻融和生物过程相伴的化学物理过程的影响。土壤的化学组成可分为有机物和无机物，有机物包括可溶性氨基酸、腐殖酸、糖类和有机质–金属离子的配合物，无机物包括主要化学离子 $Na^+$、$Ca^{2+}$、$Mg^{2+}$、$K^+$、$NH_4^+$、$HCO_3^-$、$SO_4^{2-}$、$Cl^-$、$CO_3^{2-}$、$NO_3^-$ 及少量 Fe、Mn、Cu、Zn 等金属盐类化合物，以及土壤孔隙中含有的各种气体等。

### 1. 人类排放源

工业革命以来，人为活动排放了大量的大气污染物。以二氧化硫和黑碳气溶胶等为例。20 世纪 60 年代中期起，全球 $SO_2$ 年排放量就持续超过 100Tg。大气中的 $SO_2$ 经过气相和液相反应，形成硫酸盐气溶胶，并通过大范围长距离迁移沉降在高海拔和高纬度冰冻圈地区（如积雪和冰川中），造成陆地冰冻圈乃至全球尺度的环境影响（图 4-2）。东亚、中东及南亚是全球硫净输出最高的区域。硫酸盐气溶胶由 $SO_2$ 气体经过化学反应而生成。$SO_2$ 转化为硫酸盐的过程大致可以分为两类：在晴空，$SO_2$ 在水汽存在的情况下能通过若干步骤复杂的系列反应生成气态 $H_2SO_4$。在对流层，2/3 以上的 $SO_2$ 是人为排放的，尤其是北半球，人为排放的 $SO_2$ 大约为自然排放量的 5 倍。自然排放主要来源于海洋浮游植物以二甲基硫〔DMS，$(CH_3)_2S$〕的形式释放的硫，二甲基硫与空气中的化

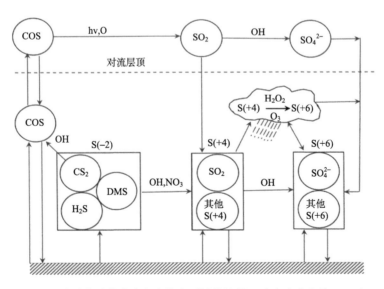

图 4-2　含硫化合物在大气中的主要转化途径（改自唐孝炎等，2006）

合物发生反应生成 $SO_2$；另有少量的 $SO_2$ 来源于火山以及沼泽和泥炭地。由于 $SO_2$ 和硫酸盐气溶胶在对流层中只能存在数天的时间，因此它们在大气层中的平均含量与排放速率和在大气中存在时间成正比，区域硫酸盐的时空分布特征主要取决于排放量和当地气候条件（如降水、风场）。在青藏高原冰川区已经发现大量的硫酸盐颗粒物沉降进入冰尘和积雪中。

此外，通过大气沉降输入到冰川、积雪和河湖冰中的黑碳气溶胶主要来自化石燃料和生物质的不完全燃烧。具体来看，黑碳的排放来源按行业可分为工业源、火电与供暖、居民生活消费、交通运输以及生物质燃烧；根据能源类可分为化石燃料（煤炭、石油、天然气等）和生物质燃料（如秸秆、薪柴、沼气）来源。从地域分布来看（图 4-3），黑碳排放量以非洲为最大，其次是中国和中南美洲，最小的是大洋洲和中东地区。从来源

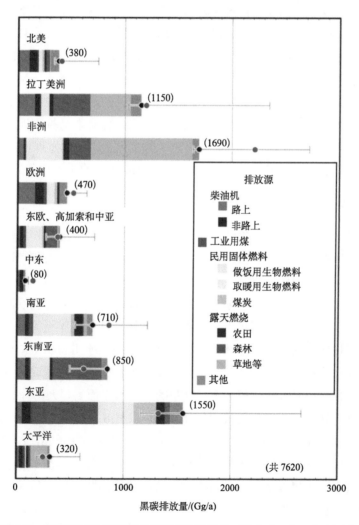

图 4-3　全球不同地区不同来源黑碳的排放量（改自 Bond et al., 2013）

构成看，非洲、中美洲、南美洲和大洋洲的黑碳主要来源于生物质燃烧，这应归因于热带地区的森林和草原大火，而包括中国在内的东亚、南亚等其他地区则以能源利用（化石燃料）排放的黑碳为主。

雪冰中化学成分的输送过程包括大气输送、沉降、迁移和富集等，其中大气输送是影响雪冰化学组分形成的主要环境过程。大气输送包括大尺度环流、局地扰流和湍流。例如，青藏高原毗邻东亚、南亚及中亚，受大尺度的西风环流和南亚季风的影响，大气污染物通过环流远距离传输进入高原地区，并通过干、湿沉降过程进入冰冻圈，影响高原的雪冰反照率。通过模拟发现非季风期间中亚和印度西北部的黑碳主要通过西风传输进入青藏高原。非季风期青藏高原黑碳约有 61.3% 来自南亚地区人为排放的贡献；而季风期南亚人为源黑碳的贡献率为 19.4%。基于黑碳浓度、大气化学传输模型及排放因子对黑碳来源的研究显示，沉降到青藏高原的黑碳气溶胶主要来源于南亚，在非季风期贡献可达 50%，在季风期贡献约为 30%，其中在高原南部地区人为源黑碳的贡献可达 30%～70%。大气输送是该区域黑碳和各种化学成分进入冰冻圈的主要动力过程。南亚黑碳污染物在大量聚集之后，可通过近地面抬升和高空输送的形式穿越喜马拉雅山谷，快速输入高原内陆腹地。总而言之，青藏高原西部及北部地区的污染物主要源于中亚地区，这与近些年中亚石油工业的发展有密切的关系；而高原南部及喜马拉雅地区的大气污染物主要来自南亚地区，污染物传输海拔高度可至 1 万米以上。近期发现喜马拉雅山脉山谷风形式的输送亦是大气污染物跨境传输到青藏高原冰冻圈的重要途径。

## 2. 自然排放源

陆地冰冻圈化学成分的自然来源主要包括火山喷发、粉尘沉降和海盐气溶胶的输入等。火山喷发，特别是爆炸性的低纬度火山喷发，排放大量火山灰和气体物质进入对流层上部和平流层。较粗的颗粒物（主要是岩浆形成的固体颗粒）由于受到自身重力作用在较短的时间内（几分钟至几个星期）便沉降至地表，因此它们对气候的影响较小。然而，细粒火山灰以及火山气体则可以在平流层滞留几个月至几年不等，并在半球或全球性尺度上大范围传播，输送到陆地冰冻圈大气并沉降进入冰川和积雪，这些火山灰的信息在南极、北极冰盖和山地冰川冰芯中已经大量发现。火山爆发释放的气体物质主要有 $H_2O$、$N_2$、$CO_2$、$SO_2$ 和 $H_2S$ 等，相对于大气中的含量水平而言，火山释放的 $H_2O$ 和 $CO_2$ 非常少，可忽略不计。而释放出的酸性气体（$SO_2$ 和 $H_2S$）会与大气中的·OH 和 $H_2O$ 发生反应生成硫酸根（$SO_4^{2-}$）或硫酸（$H_2SO_4$）气溶胶，又称火山气溶胶。类似于火山灰，进入到对流层的硫酸盐气溶胶在大气沉降作用下很快（仅几天）被去除，对气候的影响较小，且仅局限于火山爆发地区；而进入到平流层的气溶胶可以在较长时间内（可长达几年）悬浮于平流层中，并迅速扩散至爆发地以外更大的范围，甚至是全球范围。它们通过大气环流传输进入冰冻圈并在雪冰表面聚集，将增加气溶胶的光学厚度和减少地球表面的太阳辐射接收，从而明显地改变地表和大气反照率，导致陆地和海洋冰冻圈表面

气温的短期或长期下降。

此外，粉尘是陆地冰冻圈化学成分的另一个重要自然来源。粉尘携带了大量的常量化学离子和微量元素输入到雪冰中，改变雪冰的化学组成和变化规律。与此同时，沉降到雪冰的粉尘成为影响冰川反照率的关键因素之一，在全球变暖的气候背景下，粉尘的增加通过降低冰川的反照率从而加速冰川的消融，进而影响冰川径流以及影响下游生态系统。地表主要的粉尘源区包括北非撒哈拉、北美洲、澳大利亚以及中亚地区。全球的沙尘传输路径主要有两条，一条是从北非传送到西南欧、大西洋和美洲大陆；另一条是从中亚地区传输到东亚、北太平洋直至格陵兰。中亚地区（其中也包括我国西北干旱区及黄土高原）不但是全球大气粉尘的重要来源，也是北太平洋和格陵兰雪冰中粉尘沉积的主要源区。南极洲冰芯中的粉尘则主要来自南美洲的干旱区。需要指出的是，粉尘也有部分来自人为活动，包括农田、过度放牧、城市生活及道路交通等。与自然源粉尘气溶胶相比，人为源沙尘气溶胶影响较小。

海盐气溶胶也是大气中最主要的自然源气溶胶之一，尤其在海洋地区和沿海大气，海盐是对流层中含量最大的颗粒物来源。海盐气溶胶的全球通量每年在 $1000\sim10000$ Tg，占自然源的 30%～75%。海盐气溶胶的形成源于海洋表面的气泡爆裂时向空中的喷射。气泡的上半部薄膜爆裂时产生许多粒径为 $0.5\sim5.0$ μm 的小液滴，称之为膜滴。同时，气泡破裂时一个喷射可以脱离出粒径 $3\sim50$ μm 的大液滴，称之为射滴。在风速超过 $10$ ms$^{-1}$ 时，强湍流使浪花顶部直接碎裂出泡沫滴，这些泡沫滴对于大海盐粒子的产生也有很大贡献。海盐是亲水性气溶胶，主要化学组分是 $Cl^-$、$Na^+$、$Mg^{2+}$、$Ca^{2+}$、$K^+$、$S^{2-}$ 和 $Br^-$ 等，且其浓度比和海水中盐分的相应比值接近。在距离陆地较远的海域，海盐气溶胶占气溶胶光学厚度的 30%。通过长距离传输，海盐气溶胶可以输送至高海拔的内陆冰冻圈地区的雪冰中沉降，如在青藏高原东南部的冰川区（如喜马拉雅山和玉龙雪山等）发现了大量的海盐离子沉降。

## 4.1.2 化学成分由大气输入陆地冰冻圈的主要过程

大气化学成分进入陆地冰冻圈介质的主要过程包括干沉降和湿沉降，以及生物固碳、固氮过程等。干沉降是指无降水时大气化学成分（气溶胶粒子、微量气体等）向冰冻圈介质表面的输送，湿沉降则是指降水发生时化学成分随降水一起沉降进入冰冻圈的过程。此外，固碳、固氮过程是指植被和微生物对碳、氮等元素的吸收作用。

### 1. 干沉降过程

干沉降是大气的一种自净作用。干沉降是由湍流扩散和重力沉降以及分子扩散等作用引起的，气溶胶粒子和微量气体等成分被上述作用过程输送到地球表面，或者使它们落在植被等表面上，分子作用力使它们在物体表面上黏附，因而从大气中被清除。对于冰冻圈而言，干沉降分为 3 个阶段：①化学成分从自由大气向下输送到准表层；②化学成分穿过准表层；③化学成分与冰冻圈介质表面发生作用而进入冰冻圈。在各个阶段中，化学成分传输的速率各不相同；而在同一阶段，不同的化学成分其传输速率也不相同。干沉降速率常用来衡量干沉降作用的强弱，具有速度的量纲，大小与气溶胶粒子的谱分布、化学成分以及大气状态（湿度、风速和湍流强度等）密切相关。形成干沉降的主要物理过程包括重力沉降、湍流运动、布朗运动、惯性作用和静电作用等；主要化学过程包括化学反应、溶解等；生物学过程包括植被生长周期等。这些过程都会受到气象条件、污染物性质和沉积表面特征等因素的影响。

### 2. 湿沉降过程

湿沉降主要是通过降水过程携带大气化学成分沉降到地表，主要包括核化清除、云内清除和云下清除。在极地和中纬度高山地区，降水以固态形式为主。雨滴和雪花在形成过程中对化学成分的清除作用差别并不大，但在降落过程中却有较大的差异。雨滴在降落过程中继续捕获大气气溶胶，并伴随着蒸发、微量气体的吸收与逸出等。雪花在降落过程中因气温较低而清除作用较弱。因此，在极地地区云下清除作用并不重要。要充分认识湿沉降过程并使之定量化，就必须对云内和云下气体、气溶胶的浓度、云凝结核特征、云内冰晶的尺寸分布、结霜情况等有足够的认识。

对于不同的化学成分和不同的地域，干、湿沉降的相对重要性有较大差别。一般来说，降水量越大，湿沉降所占比例就越大。降水量在时间上的分配也是一个影响因素，对同样的年降水量来说，如果降水集中在短时间内，则湿沉降所占比例会有所下降。

### 3. 界面交换过程

大气化学成分通过干湿沉降进入冰冻圈后并非一成不变，部分化学性质特殊和活跃的元素或化合物等在"雪/冰–大气"界面、"冻土–大气"界面发生复杂的物理、化学反应和生物作用，并进行活跃的界面交换。认识"雪/冰–大气"界面、"冻土–大气"界面的化学反应和物质交换过程对明晰冰冻圈化学组分的气候环境意义，揭示冰冻圈与大气圈相互作用的过程和机理，以及深入认识其气候环境效应具有重要意义。

#### 1) "雪/冰–大气"界面

对"雪/冰–大气"界面的关注最早始于极地研究。自 1989 年夏季开始，随着格陵兰地区的 GISP2 和 GRIP 国际冰芯研究计划的实施，为了准确认识雪冰化学对大气环境的记录和反映状况，多国科学家开始在冰芯钻取点附近开展雪/冰–大气样品的样品采集和观测，并一直持续至今。氮氧化物 $NO_x$ 可以与 $O_3$ 参与反应进而控制大气氧化能力，因此在雪气界面的物质交换和化学反应中备受关注。研究结果显示，$NO_x$ 在表层积雪的孔隙间空气中的含量比自由大气中高 3～10 倍甚至更多（图 4-4），氮氧化物和硝酸盐类等则有显著的日变化特征，表明雪冰内部存在含氮化合物的稳定来源，主要来源于硝酸根 $NO_3^-$ 被还原生成的 $NO_x$，释放扩散到雪冰界面，导致积雪上层大气中 $NO_x$ 增高。因此，对流层大气中普适的化学反应不能被直接应用于解释和理解积雪界面化学过程，雪/冰–大气界面化学需要进一步关注和细化研究。

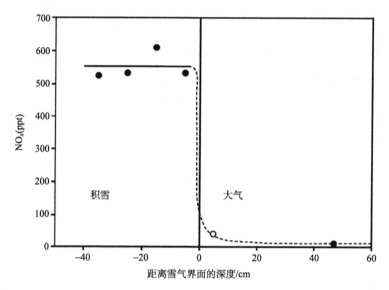

图 4-4 $NO_x$ 在"雪/冰–大气"界面的浓度垂直变化图（2000 年 6 月 23 日测试于格陵兰 Summit）（改自 Dominé and Shepson, 2002）

$1ppt=10^{-12}$

大气中的·OH 等前体物可在大气中经由臭氧和光子等的反应生成。在极地地区，由于太阳天顶角高且水分压低，会减缓臭氧反应过程中的·OH 的生成速率。然而南北极地区观测到的·OH 含量均比气相化学模型结果高 10 倍以上，表明积雪对近地表大气中·OH 产生的重要影响。·OH 含量增高将直接导致多种污染物在大气中的停留寿命降低。而且，积雪表层的一些分子量较轻的醛类和酮类化合物是 $HO_x$ 生成过程中的重要中间产物，因此浓度也较高。

以某些氢氧化合物 $HO_x$ 的日变化观测结果为例（图 4-5），粒雪空隙间空气中 $HO_x$ 均表现出显著的日变化特征，内峰值出现早晚时间顺序为 HONO、HCHO 和 HOOH，硝酸盐的峰值出现在近午时，与 $NO_2$ 的下降周期吻合。例如，HOOH 的变化则与气温变化密切相关，在 5cm 深处 HCHO 的变化与光子通量和气温总变化一致，而在 25cm 深处则仅与温度变化一致。以上发现从观测角度证明光照和气温对雪/冰–大气界面的化学反应至关重要。

雪/冰–大气界面交换的基本原理和影响因素如图 4-6 所示。雪通过水汽沉降或过冷雾滴冻结形成，在形成和降雪过程中吸收各类气态和颗粒态物质，之后沉降进入积雪中。气温和辐射变化将导致水气通量随垂直深度变化，决定了雪的变形变质作用过程。表层

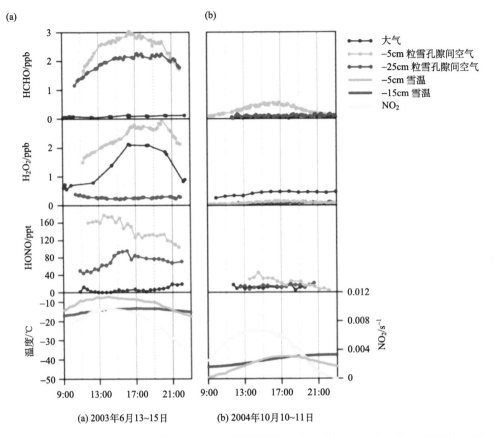

图 4-5　北极格陵兰 Summit 积雪实验中大气和粒雪孔隙间空气中部分 $HO_x$ 前体物的日变化图（改自 Dibb et al., 2007）

$1ppb=10^{-9}$

积雪的密度在 0.01～0.5 g/cm³ 之间，因此，大多数积雪的空间填充着可与大气进行自由交换的孔隙间空气。界面上的化学组分变化受控于很多物理过程包括吸收、固态扩散和共聚等，以及化学过程如光化学反应等。目前，雪冰微观表面类液层的变化缺乏精确描述，其层厚随温度和离子浓度的升高而不断增加，而其物理性质则处在纯冰和水之间，因此在界面上发生的反应的机制和动力过程描述非常困难。已有实验证明，暴露于 NaCl 或海盐的雪冰表面可形成一个高离子含量层，进而促使光化学反应的进行。

　　此外，雪/冰–大气界面存在痕量元素和 POPs 等物质的交换过程。痕量元素尤其是重金属作为污染物的重要组成部分，主要通过沉降作用进入雪冰，并随着雪冰消融过程中重新以气态或者颗粒物的形式释放进入大气。以 Hg 为例，雪冰中汞主要来源于大气汞干湿沉降。由于雪冰内的氧化作用以及新降雪的覆盖，气态单质汞沉降后可能会暂时贮存在雪冰中。随后，雪冰孔隙中发生的扩散与通风使部分气态单质汞再度进入大气。较之于气态单质汞的不稳定性，颗粒汞惰性较强，在雪冰消融前会暂存在雪冰中。活性汞既有可能发生氧化作用而与颗粒物质相结合暂时储存，又可能被还原转化为气态单质汞

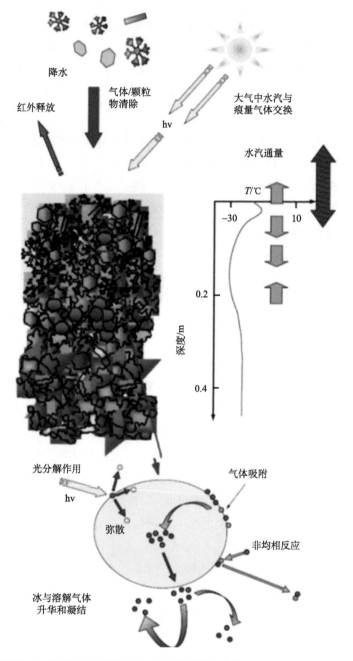

图 4-6　雪/冰–大气界面宏观和微观物理化学过程（改自 Dominé and Shepson, 2002）

而再次进入大气。据估算，南极高原雪冰中每年约有 490t 汞被还原为元素汞。总体来说，相对于气态单质汞与活性汞，颗粒汞在雪冰中更为稳定，更有可能随融水进入到径流。

在青藏高原东北部冰川发现，大量痕量重金属元素（如 Cu、Zn、Mo、Cd、Sb 和

Pb 等）已输入山地冰川，并且具有很高的富集系数。在冰川表面的雪层中重金属元素含量随着海拔升高呈现降低趋势，说明高海拔大气中痕量元素含量较低。在雪/冰–大气界面转换中雪层中重金属变化表现出很强的对应关系，意味着微量元素成分的界面交换过程具有基本的一致性。此外，其他类型的污染物亦在雪/冰–大气界面发生交换，如各种盐类（硫酸盐、硝酸盐等），黑碳颗粒及放射性同位素等，但对其交换过程的研究目前仍然较少。当前，雪/冰–大气界面化学物质的交换和反应除了实地观测研究，亦出现少量的实验室内模拟研究。当前研究所关注的化学物质不断增多，从最早的氮氧化合物、羟基自由基及其他氧化还原物质，扩展至重金属（如汞）和有机污染物等。雪/冰–大气界面物质交换和化学反应是理解冰冻圈大气组分变化和圈层相互作用的关键环节，这些最新的现代过程认识将为冰芯记录的解译提供理论基础。

2）"冻土–大气"界面

冻土在冰冻圈地区广泛分布。以持久性有机污染物为例，冻土–大气交换是 POPs 全球循环研究的重点之一。长距离大气迁移是 POPs 在全球范围内循环的根本原因。"蚱蜢跳效应"高度概括了有机污染物多次"挥发—迁移—沉降"并最终沉积到高纬度和高海拔陆地冰冻圈地区的过程。从本质上说，"蚱蜢跳效应"的核心是污染物在大气和地表介质之间的界面交换过程。因此，冻土–大气界面是 POPs 交换的重要过程，它影响着 POPs 在区域和全球尺度上的传输迁移、重新分布和归趋。冻土–大气界面交换主要包括以下几个过程：干沉降（包括颗粒态干沉降和气态沉降）、湿沉降（包括降雨沉降和降雪沉降）和从冻土向大气的挥发。其中，干湿沉降的方向都是指向冻土，而只有气态 POPs 从冻土中的挥发是指向大气的唯一途径。冻土并不是 POPs 永久的"汇"，温度较高的季节 POPs 的再挥发使冻土成为排放污染物的"二次源"。近几十年来，在世界各国相继禁止 POPs 的使用和排放，一次源的影响逐渐微弱的背景下，冻土再挥发已成为新的 POPs 源。

影响冻土–大气界面上 POPs 分配的因素较多，包括化合物本身的理化性质（如亨利常数值、正辛醇–水分配系数、正辛醇–空气分配系数等）、气象条件和冻土性质等。例如，风速的增大会使气态化合物沉降迁移的阻力减小，也使得从冻土向大气的挥发速率加快；冻土性质会从有机质含量、有机质组分、冻土相对湿度、冻土质地和孔隙度等方面影响冻土–大气分配。在这些因素中，最主要的影响因素是温度、POPs 的正辛醇–空气分配系数和冻土有机质。目前对于冻土–大气交换的研究还比较零散，主要集中在北极圈冻土带，而针对普遍认为是污染物汇的高海拔冰冻圈地区研究较少。已有研究表明，因冷凝效应 POPs 污染物很有可能在青藏高原大量凝结和聚集。但考虑到青藏高原具有十分复杂的地域系统，其下垫面类型丰富多样，森林、荒漠、草甸、湖泊、冰川等在高原都有分布，然而至今关于青藏高原 POPs 在冻土–气界面交换的研究仍鲜有报道。这些地球高海拔冰冻圈是否只是 POPs 的汇的问题仍然有待进一步研究，这对了解和评价 POPs 的归趋具有重要的意义。

冻土–大气界面交换的另一种主要化学成分为痕量气体。痕量气体是大气中浓度低于 $10^{-6}$ 的粒种，指总数为 $1\times10^6$ 个分子中只有一个待研究的分子。例如，大气中的 CO、$N_2O$、$SO_2$、$O_3$、NO、$NO_2$、$CH_4$、$NH_3$、$H_2S$ 和卤化物等都属于痕量气体。由于人类活动影响，大气中诸如 $CH_4$、$N_2O$、氟氯烃等痕量气体浓度明显上升，加剧了全球的温室效应。$CH_4$ 痕量气体虽然浓度低于 $CO_2$，但每分子 $CH_4$ 对温室效应的贡献相当于 $CO_2$ 的 20 倍，每分子 $N_2O$ 的贡献相当于 $CO_2$ 贡献的 200 倍，因而痕量气体的浓度上升同样会显著增强全球的温室效应。来自多年冻土生态系统的痕量气体通量受到许多生物和非生物参数的影响（图 4-7），土壤有机质的分解和温室气体的产生是由微生物活动引起的，微生物活动受栖息地特征和气候相关特性的影响，痕量气体的传输过程决定了排放 $CH_4$ 和 $CO_2$ 的比率，但与其相关的多年冻土碳释放过程、空间格局特征以及对气候变化的依赖性等方面尚未取得充分认识。以甲烷为例，多年冻土与大气之间的 $CH_4$ 交换过程主要包括：土壤有机质通过呼吸作用被分解为 $CO_2$，然而在厌氧条件下，土壤有机质会发生还原反应，通过一系列微生物过程被分解为 $CH_4$。多年冻土区的表层土壤还会表现出吸收 $CH_4$ 的特性，土壤中的好氧甲烷氧化细菌会将大气中的 $CH_4$ 氧化为 $CO_2$ 再释放进大气。在湿地生态系统中，水下厌氧环境产生的 76%～90%的 $CH_4$ 会在到达地表之前被氧化为 $CO_2$。

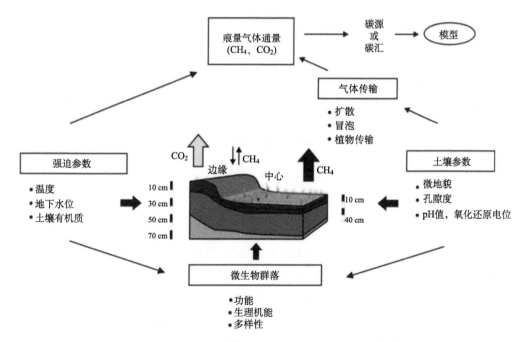

图 4-7　影响多年冻土相关痕量气体形成、传输和释放的过程示意图（改自 Wagner and Liebner, 2009）

北极多年冻土区水-气界面痕量气体交换主要发生在河流和湖塘中（图 4-8）。在整个环北极地区分布着众多河流入海口，这些河流均途经广阔的多年冻土区，携带有大量有机碳，这部分有机碳在运移过程中会在水体中分解并释放到大气，其中最主要的气体就是甲烷。而且，甲烷释放量与河流水量以及流域内发育的多年冻土类型有着很强关系。途经连续多年冻土区的河流会携带更多的有机质，进而释放更多的 $CH_4$、$CO_2$ 等温室气体。另外，热融湖塘是多年冻土退化的重要特征之一，它是由于气温升高导致地下冰融化，地表沉降后形成的水塘。多年冻土层的隔水作用导致地表积水而发育面积较小的热融湖塘。湖塘边缘及下伏多年冻土受湖水的热传导作用逐渐扩大，地下冰不断融化，进而形成较大的热融湖塘，使得更多的有机碳进入湖塘中。热融湖塘的形成将陆地生态系统转变为水生生态系统，对碳循环过程具有重要影响。热融湖塘的 $CH_4$ 释放主要分为三种方式：分子扩散、气泡冒出以及通过植物导管组织释放。其中大多数 $CH_4$ 是通过后两种方式释放，分子扩散释放 $CH_4$ 的量只占 5 %左右。多年冻土区的热融湖塘亦是重要的$CH_4$ 释放源，新形成热融湖塘排放的 $CH_4$ 要比之前未形成湖塘之前高出 130～430 倍。

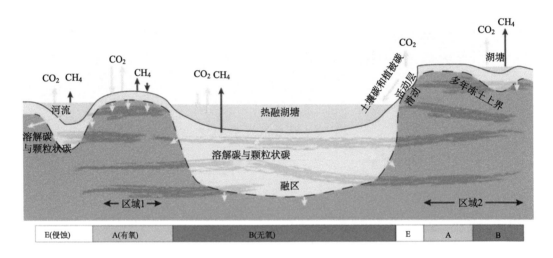

图 4-8　北极多年冻土区受热喀斯特影响的温室气体释放示意图（Anthony et al., 2014）

### 4. 碳氮固定过程

固碳作用是指增加除大气之外的碳库碳含量的过程，主要包括物理固碳和生物固碳。物理固碳是将 $CO_2$ 长期储存在开采过的油气井、煤层和深海里。生物固碳是将无机碳即大气中的 $CO_2$ 转化为有机碳（碳水化合物），固定在植物体内或土壤中。常见的固碳方法有两种：光合作用，如各种绿色植物和光合自养微生物（如蓝藻等）；化能合成作用，如硝化细菌利用氧化氨合成有机物等。生物固碳提高了生态系统的碳吸收和储存能力，减少了 $CO_2$ 在大气中的浓度。碳在陆地生态系统中的循环、流动主要通过 6 个方面来实现，即植物的光合生产（光合作用、生物量）、植物的呼吸消耗、凋落物的生成及分解、土壤有机质的积累及土壤呼吸释放。陆地冰冻圈的多年冻土区碳循环不同于其他非多年冻土区的显著之处在于多年冻土对碳的冻结封存与融化释放。

封存于陆地冰冻圈多年冻土中的碳是长时间因低温不能分解的碳素缓慢固存下来而逐渐累积起来的，一旦多年冻土退化，这些碳就会进入到大气系统中。多年冻土退化将土壤环境分为好氧和厌氧条件，主要取决于活动层土壤水分状况。气候变暖条件下，多年冻土区的土壤碳释放在区域尺度上通过植被生产力（光合作用和净植物生长）的增加来弥补或抵消。在某些情况下，通过凋落物和植物根系返回土壤的碳，经活动层土壤冻融过程或其他方式进入多年冻土中。以北极为例，其生态系统凋落物的生成量包括泰加林和冻原植被两部分，冻原植被的凋落物生成量可以认为与净生产力相同，约为 5 亿 t/a。基于全球各地 29 个观测点的平均结果，泰加林的凋落物生成量约为 2.06 t /（hm²·a）。

固氮作用是分子态氮被还原成氨和其他含氮化合物的过程。自然界氮（$N_2$）的固定有两种方式：一种是非生物固氮，即通过闪电、高温放电等固氮，这种形式的氮化物很少；另一种是生物固氮，即分子态氮在生物体内还原为氨的过程。大气中 90% 以上的分子态氮都是通过固氮微生物的作用被还原为氨的。大气中的氮必须通过生物固氮才能被植物吸收利用。动物直接或间接地以植物为食物，其体内的一部分蛋白质在分解过程中产生尿素等含氮废物，同动植物遗体中的含氮物质一起被土壤中的微生物分解后形成氨，氨经过土壤中硝化细菌作用，转化成硝酸盐，进而被植物吸收利用。在氧气不足的情况下，土壤中的另一些细菌可以将硝酸盐转化成亚硝酸盐，并最终转化为氮气，返回到大气中。除了生物固氮以外，生产氮素化肥的工厂以及闪电等也可以固氮。但同生物固氮相比，它们所固定的氮素数量很少。由此可见，生物固氮在自然界氮循环中具有十分重要的作用。

氮素在自然界中以多种形式存在，主要是大气中的氮气，总量约 3900 万亿 t。目前陆地上生物体内储存的有机氮总量达 110 亿～140 亿 t。尽管这部分氮素的总量不多，但是能够迅速地再循环，从而可以反复供植物吸收利用。存在于土壤中的有机氮总量约为 3000 亿 t，这部分氮素可以逐年分解成无机态氮供植物吸收利用。海洋中的有机氮约为 5000 亿 t，该部分氮素可以被海洋生物循环利用。陆地冰冻圈多年冻土区巨大的土壤氮库存在于低温下封存的有机质中，除少量大气沉降带入土壤的氮外，大部分和有机碳形成土壤有机质的一部分。在北极和青藏高原多年冻土区，广泛分布的地衣和苔藓植物由于含有丰富的蓝藻细菌而具有重要的固氮作用。北极某些冻土流域中，这些固氮作用每年固氮量可达 0.8～1.31 kg N/hm²，占流域总氮输入的 85%～90%。随着气候变暖，在多年冻土退化释放有机碳的同时，冻土有机质分解也释放有机氮进入环境之中，未来值得深入关注。

## 4.2　海洋冰冻圈

海洋冰冻圈是海洋环境中各冰冻圈要素的集成。海冰是海洋冰冻圈的主体，全球海冰的覆盖范围约为 1900 万～2700 万 km²。在北半球，海冰的南界可达中国的渤海（约 38°N），在南半球，海冰主要出现在环南极海域，其北界可达 55°S。季节尺度上，全球 15%的海洋面积存在发育时间长短不一的海冰，主要是南大洋和北冰洋的海冰范围进退随季节变化而波动显著，海冰在初冬形成，而初夏崩解消融。一般情况下，海洋冰冻圈的这些要素的存在不超过一年，但南北极地区的海冰例外，其多年海冰可以延续较长年份，冰架的存活时间长短亦不相同，从几十年到数千年不等。冰山指冰盖和冰架边缘或冰川末端崩解进入水体的大块冰体。南极冰盖和格陵兰冰盖是冰山的主要来源区。冰山形成受冰川运动、冰裂隙发育程度、海洋条件、海冰范围和天气条件的影响。冰盖和冰架崩解形成的冰山，随洋流和风向朝较低纬度海洋漂移，逐渐融化消失。冰山寿命从数月到数百年不等，冰山存在时间受大气环流、海温、洋流等因素影响，亦与冰山本身规模、地点和产生的时间密切相关。全球变暖对冰山形成具有重要影响，可加速冰山的形成，冰山在漂移过程中逐渐融化并最终消失，冰内物质释放并进入海水中，大量冰山进入海洋后可改变海洋的温度和盐度，海洋冰冻圈化学过程主要伴随海冰等融化过程而发生。

### 4.2.1　海洋冰冻圈化学成分的来源

海洋冰冻圈化学成分主要来源于海水自身的化学成分和人类排放污染物的大气输送。海洋环境是包含物理、化学、生物、地质等复杂化学过程的综合体系，这使得海水化学成分与陆地水化学成分有着显著差异。含盐量高是海水化学组分的主要特点，大洋海水盐度平均为 35‰左右。海水的主要可溶性化学成分（$Cl^-$、$Na^+$、$SO_4^{2-}$、$Mg^{2+}$、$Ca^{2+}$、$K^+$、$HCO_3^-$、$Br^-$、$Sr^{2+}$、$H_3BO_3^-$ 和 $F^-$ 等）占海水中溶解盐类的 99.8%～99.9%，其中 $Cl^-$、$Na^+$ 两种成分占总溶解盐类的 80%以上。除 $HCO_3^-$ 和 $Ca^{2+}$ 含量有较大变化外，其他盐类含量都较为稳定。除了无机盐化学成分，海冰中污染物的传输与转化过程以及对极地海洋生态系统的影响备受关注。18 世纪晚期（尤其是第二次世界大战后）以来，全球工业发展地区释放了大量的环境有毒物质，并通过长距离大气传输、洋流和河流传输、生物作用等过程输入到偏远的极地环境之中。直到 1990 年代初期，海冰被认识到是污染物传输的一个重要介质，2000 年代中期科学家开始海冰中污染物行为及污染物在海洋–海冰–大气界面的传输过程等研究。海冰是链接海洋和大气的动态和多孔介质，能够短暂存储和有效传输污染物，并且通过相关过程对污染物的富集和稀释起到重要作用。在积雪、海冰和融池中发生的一系列化学变化，亦将导致环境污染物发生迁移和转化。融池是夏季消融期出现在海冰表面较浅且混合均匀的水洼，可持续约 30～50 天。因此海冰是污染物向极地生态系统食物链输入的重要途径。

北极海洋生态系统中污染物主要源于自然源输入物质（如地表矿物中的元素）和人为源排放的物质。北极地区海冰中已检测到含量元素（如 Hg、Cd、Pb 等）、持久性有机污染物（POPs，包括有机氯、有机溴、有机氟等）、PAHs 以及人为源放射性核素（如 $^{137}$Cs）。特别是通过长距离传输的汞和持久性有机污染物对北极生态系统具有重要影响，这些物质可在生物体以及人体通过食物链进行富集放大。进入到北极的污染物还有海洋环流、河流和近岸带输入及生物过程等途径（图 4-9）。在海冰形成和生长过程中，污染物亦可通过冻结析出（freeze rejection）以及颗粒物捕捉（particle entrapment）过程从下层海水以及沉积物进入海冰（bottom up），或者从上覆积雪和大气干湿沉降进入海冰（top down）。

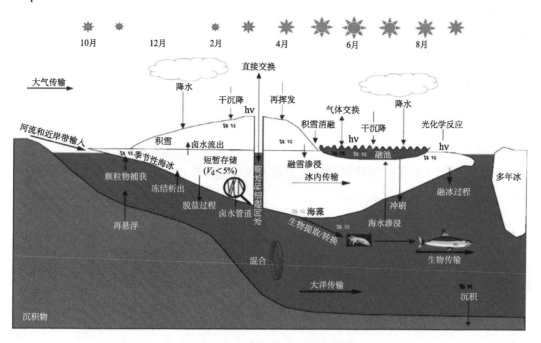

图 4-9　影响海洋–海冰–大气界面污染物浓度和生物富集的主要过程（改自 Wang et al., 2017）

$V_d$ 指卤水体积分馏; hv 指太阳辐射

## 4.2.2　化学成分进入海洋冰冻圈的过程

### 1. 颗粒物捕获

颗粒物捕获是污染物进入海冰的一个重要机制。水溶性颗粒物不仅有助于片状冰晶体的成核，并且易于在悬浮冻结过程中被捕获。悬浮冻结主要发生在海水深度小于 50 m 的浅水区，增加的冰晶导致悬浮物的湍流清除和过滤能够进一步捕获颗粒物而形成新冰。因此，北极海冰中污染物含量较低，仅为几个 mg/L，而浑浊海冰颗粒物浓度范围可达

50～500 mg/L，甚至高达 3000 mg/L。由于痕量元素和有机污染物易于与细颗粒沉积物相结合，悬浮冻结过程可增加海底沉积物中细颗粒的淤泥和黏土矿物向海冰富集，这是颗粒态污染物从大陆架沉积物向海冰迁移的重要过程，可导致海冰中污染物（如 Hg）含量较海水偏高（图 4-10）。颗粒态污染物一旦进入海冰，其在卤水管道中迁移微弱。因而，海冰表层会富集大量颗粒态污染物，特别是在多年冰表层富集更加明显。

### 2. 干湿沉降

大气污染物可通过干湿沉降过程进入海冰中。大气中颗粒态污染物的清除主要发生在中层大气中颗粒物作为云凝结核或冰核的冰形成过程，或者雪花作为颗粒物载体的降雪过程。气态污染物的清除则主要通过吸附作用发生在雪粒表层，该过程随雪粒表面积增大以及气温降低而进一步增强。尽管北冰洋地区年降雪量很小（约 300 mm/a），但污染物沉降通量不容忽视，特别是汞在春季发生大气汞亏损事件时可导致其通量显著增大（图 4-10）。仅有小部分降雪清除的污染物直接通过冰间水道或者冰间湖进入海洋，绝大部分的污染物沉降保留在海冰表面，并经过后沉积传输和转化过程进入海冰内部和海水之中，或者再挥发进入大气中。积雪、海冰表面、冰间水道和融池均可发生污染物的干沉降。亚洲地区的生物质燃烧以及其他工农业活动产生的污染物通过长距离传输，导致春季北极霾发生气溶胶浓度超过 2 μg/m³（夏季气溶胶浓度< 0.5 μg/m³）。融池为有机污染物的大气干沉降提供了独特的环境。融池不仅能够直接从积雪融水和降水中累积污染物，并且由于其较大的比表面积可聚集大量的大气污染物。而且后一个过程对于具有较

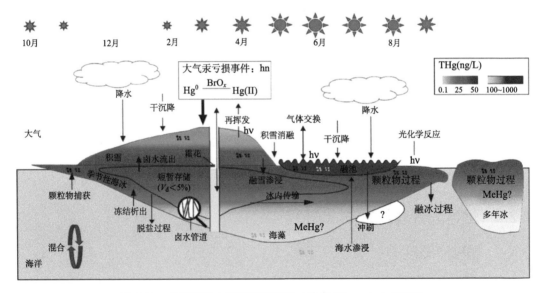

图 4-10　北极海冰中汞循环示意图（改自 Wang et al., 2017）

颜色表示含量多少；THg 表示总汞含量；MeHg 表示甲基汞含量；BrO$_x$，活性溴化物，其中 $x$=0 或 1

高亨利定律常数的污染物（也就是更易于沉降到融池）影响较大，如融池水中硫丹和百菌清含量比海水要高出一个数量级，而汞含量则高出两个数量级。

### 3. 海冰化学组分的耦合与交换

海冰中盐类与无机物溶质浓度通常比海水要低很多，这是因为海冰中盐与无机溶质从冰晶中析出，并在卤水通道富集。除某些气体物质和降水来源的盐类，海冰在其生长和融化阶段主要是固体冰和液态卤水的混合物。平衡状态下，卤水盐度是冰温度的函数，卤水体积则是温度和海冰盐度的函数。海冰中卤水体积可控制其渗透性，如液体传输的能力。卤水体积与海冰体积比大于 0.05 时，卤水袋（brine pockets）汇聚并形成卤水通道和海冰柱状结构，即由冻胀生长形成的冰，使得液体输送具有可渗透性。卤水体积比为 0.05 对应于海水盐度为 5‰ 和温度为 –5℃。通常，海冰中盐类和溶解质的释放主要包括 5 个过程，分别为冰–水冻结界面溶质析出、溶质扩散、卤水排泄、重力排泄、冲刷。融水的重力排泄与冲刷是导致海冰盐类损失的主要过程，这也是控制海冰大量营养元素的主要物理过程。重力排泄主要是由海冰的大气冷却引起的，海冰表面气温降低增加了卤水盐度，导致卤水通道密度梯度不稳定，进而导致在连接的卤水通道中的对流翻转，最终将高盐度卤水从可渗透海冰层释放到水柱中。损失的卤水则由盐度较小富含营养元素的海水补充，这些营养元素对海冰渗透性增加、海冰底部和内部藻类的富集具有重要影响。例如，铁的对流补给被假定为将溶解的铁输送到海冰的底层，并且由于冰藻的吸收作用（即生物积累），铁可能被富集到部分颗粒物中。

强制对流是由冰下水流引起的对流，可以增强向海冰中输送营养物质，并且可能是高生物量积累的关键驱动力。积雪融化导致冰雪界面的浸没或夏季升温导致的海冰表层融化等影响，海冰卤水的翻转在整个冰柱对流过程是海冰表面"淤泥层"再冻结的结果，这是南极海冰的一个重要而广泛的特征。同时，表层淤泥层可富集海水中的营养盐，这些营养物质通过再冻结引起的对流供给海冰内层。然而，在高渗透性海冰提前融化阶段，淡水通过海冰的渗透则导致富含溶质卤水的损失。

### 4. 海冰中溶质的富集

目前已观察到无机溶质富集到新形成的海冰中，这一过程将富集特定的微量金属以及大量营养元素。这种富集可能归因于在海冰形成以及影响形成的物理–化学过程中并不完全停滞。例如，海冰中富集铁的各种机制也被广泛讨论，它们取决于形成冰的模式、冰盖持续时间和海冰碳含量和冰藻生物量等。

溶解有机质和悬浮颗粒物可在新形成的海冰中富集。冻结过程可改变溶解有机质的性质，该过程可导致有色和含氟的溶解有机质富集、悬浮颗粒物和溶解有机质的粒径发生变化。例如，由 γ-变形杆菌属产生的悬浮颗粒物可以富集在海冰中。而科尔韦尔氏菌属产生的悬浮颗粒物具有热不稳定性，其成分是具有冰亲和力的蛋白质。由南极海冰中细菌产生的悬浮颗粒物含有较高比例的蛋白质，这些冰冻细菌和海冰硅藻将会产生冰耦合蛋白，他们可附着和改变冰晶的结构。

除分子与冰晶的直接结合之外，海冰还存在选择性保留有机溶质的其他过程。例如，溶解有机质的凝固过程，它在卤水中通过增加阳离子和溶解前体物浓度促进该过程。在北极高纬地区，海洋凝胶（直径<1 μm）具有独特的物理化学特征，主要来源与冰藻和海冰有关的表层浮游生物。目前生物地球化学活性溶质在海冰中的吸收机制问题仍未得到有效解决，这被认为是生物活性、盐水动力学和物理化学过程在溶液和冰晶界面中复杂相互作用的结果。海水中溶解有机质的定量和定性差异可影响海冰的特性，在北极以及南北半球基本沿着陆上–近海的梯度变化。

### 5. 海冰中颗粒态前提物的溶解

海冰中颗粒态前提物包括生物（藻类和碎屑）和岩生物质在内的颗粒物，可以通过各种过程进入海冰中。主要包括海冰颗粒作为冰凝结核的成核作用、颗粒的清除（也被称为悬浮冻结）、通过海冰层筛选含颗粒的海水，以及将颗粒捕获到海冰基质中。颗粒物一旦进入海冰中，就暴露在高盐度环境中，也受到冰晶生长的机械压力作用，提升颗粒物的增溶效率。秋季藻类物质与海冰以及再悬浮沉积物的耦合不仅影响颗粒形成，也影响海冰的溶解营养负荷。上述过程对于南极坚冰（landfast ice）颗粒物和溶解铁的积累具有的重要影响。例如，鄂霍次克海中高浓度的溶解营养元素（如 $NO_3^-$、$PO_4^{3-}$）可能受海冰有机物富集的沉积层影响，即较强的颗粒物再矿化作用与浑浊的海冰密不可分。目前，对海冰中颗粒物再矿化过程的机理的理解仍然很局限。北极海冰中广泛发现的泥沙包裹体可显著影响溶解营养元素和痕量金属元素在北冰洋的时空分布和循环。然而南极的海冰由于沉积物速率很低，该过程在南大洋表现不显著。

## 4.3　大气冰冻圈

大气冰冻圈是指地球表面大气中存在的含有冰物质或冰核云层等要素的组成。从单个组成要素来看，大气冰冻圈的化学组成主要包括冰核、气溶胶、微生物颗粒、过冷却水滴组成的云，以及高空大气中各种冷冻状态颗粒组成的冰水混合物等。大气冰冻圈化学成分来源包括高空粉尘、火山灰气溶胶、微生物，以及人类活动释放的污染物等。

粉尘是大气冰冻圈重要的成分之一，每年有大量不同来源的矿物粉尘释放进入大气。粉尘已被证明是有效的冰核，通过电子显微镜发现矿物粉尘颗粒大量存在于冰晶的中心，证实矿物粉尘是重要的冰核。此外，微生物颗粒亦是冰核重要组分之一，具有生物活性的颗粒物在大气冰核形成过程中发挥着重要作用。例如，利用气溶胶飞行时间质谱仪对美国怀俄明州上空波状云中冰晶残留物的成分分析表明，生物颗粒物和矿物粉尘分别占到冰晶中残留物的33%和50%。火山灰对大气冰冻圈也具有十分重要的影响，火山灰更容易在高层大气中形成冰核。火山喷发不仅影响人类健康，而且改变大气冰冻圈的太阳辐射从而影响到气候变化。例如，受日本富士山等火山喷发的影响，在距离火山喷发约140 km的大气中发现冰核的数量迅速增加了约40倍。类似的现象在北极地区的火山附近也被观测证实，这种现象通常被称为"冰核暴"，所有受火山灰影响的云在−15℃时发现有大量冰核生成。相应地，没有受火山灰影响的云则通常在−25℃时才有效生成冰核。

除了上述自然源的化学成分，大气冰冻圈中人为源化学成分主要来自通过大气向上输送的地表污染物、高空平流层和对流层大气中飞行器尾气排放的污染物，以及光化学作用二次源污染物等。大气冰冻圈中人为源的化学组分包含重金属元素、放射性核素、POPs、碳质气溶胶等，它们的来源与陆地冰冻圈并没有显著差异。燃烧产生的气溶胶颗粒主要存在于云滴的内部，它可以通过形成凝结核间接影响云的反照率。此外，在大气对流层的上部，气体和气溶胶粒子被上升气流供给高空云。部分气体和粒子将被输送至云层上部，并在这些高度被喷射到周围的高层大气之中，形成混合冰晶和冰核的大气冰冻圈。因此，来自地表的污染物（如$SO_2$、$O_3$及颗粒物）就会大量赋存在大气冰冻圈之中，这些混合含有冰晶和冰核的云层粒子通过反射增强云层顶部的太阳辐射，从而加速大气冰冻圈中的光化学反应，特别是涉及$\cdot OH$的光化学反应。最后，高空飞行器排放量的增加将导致高空大气中污染物含量的增加，与地表释放进入到对流层和平流层污染物的化学成分不同，高空飞行器燃料燃烧是大气冰冻圈化学成分的主要人为来源。

大气冰冻圈的化学组分高程变化通常表现为随海拔升高组分浓度逐渐降低的趋势。通过对比青藏高原粉尘和重金属浓度高程变化发现，在海拔高的区域，通过大气沉降化学成分的含量越低。然而对于某些化学成分，如在祁连山老虎沟冰川区的大气中$^{129}I/^{127}I$和$^{129}I$浓度水平随海拔升高（4300～5100 m）而明显增加，表明$^{129}I$可能源自对流层上部，这是因为在对流层中上部到平流层存有一个较高含量的$^{129}I$层位。

总之，大气冰冻圈中的化学组分如冰核等能显著影响吸光特征和云的性质等，气溶胶粒子是云凝结核（CCN）形成液态的云滴或形成固态的冰粒子必需的前提，而冰核的形成则强烈地影响着云的性质并进而影响到降水的发生，因而是全球能量平衡和水循环的关键因子。而且，大气冰冻圈通过与陆地冰冻圈和海洋冰冻圈发生复杂的交换耦合过程，对地球表面辐射平衡产生重要的影响，共同影响着全球气候变化。

## 思 考 题

1. 化学成分由大气输入到陆地冰冻圈的过程主要有哪些？
2. 大气冰冻圈中的主要化学成分是什么？

# 第5章
# 冰冻圈生物地球化学过程

本章主要介绍冰冻圈化学组分的迁移、转化和归趋等生物地球化学过程，以及在冰冻圈生态系统中的变化规律。主要按照陆地冰冻圈（积雪、冰川、多年冻土和河湖冰生物地球化学过程）、海洋冰冻圈（海冰、海底冻土的生物地球化学过程）和大气冰冻圈分别阐述。本章内容对解译冰冻圈化学记录，以及深入认知冰冻圈化学的气候和环境效应具有重要的意义。

## 5.1 陆地冰冻圈

### 5.1.1 积雪生物地球化学过程

#### 1. 积雪的微生物过程

积雪的物理和化学特性形成了支撑微生物活动的生境。积雪中有液态水存在时，是微生物适宜的生长和繁衍环境。积雪中的微生物可能会遭遇极端气温、酸性、辐射和矿物养分的影响，并在缺乏有效液态水时发生脱水。积雪微生物的研究对象主要包括雪藻、南极冰藻和干谷湖的蓝细菌，以及一些牧食者，如纤毛虫、轮虫、跳虫等。积雪中藻类主要包括：绿藻门（Chlorophyta）（绿藻）、裸藻门（Euglenophyta）（眼状裸藻）、金藻门（Chrysophyta）（黄绿藻）、甲藻门（Pyrrhophyta）（双鞭甲藻）、隐藻门（Cryptophyta）（隐藻）等。

雪藻的光合作用发生在融雪之后，部分雪藻菌株的光合作用最适宜温度为$-3\sim4℃$。通常在含有雪衣藻和小箍藻的红雪中雪藻的光合效率比在白雪中要高，这些光合作用所产生的有机物可以被细菌利用。极地单鞭藻具有光复活酶，该酶可以修复紫外辐射对叶绿素和其他光合色素造成的损害。积雪中溶解的$CO_2$和$O_2$浓度是雪场有关微生物种群的重要判别指标。受雪藻种群影响，积雪中溶解的$CO_2$浓度低于溶解的$O_2$浓度，大多数积雪中$O_2$含量足以支持需氧微生物的代谢活动。雪藻影响积雪的pH值，雪藻光合作用消耗$CO_2$会导致雪藻的pH值降低，雪藻分泌的有机物质（酸和多糖）亦会降低积雪

pH 值。

积雪中微生物活动可以改变物质营养循环。大气中的氮通过湿沉降（降雪、风吹雪）或干沉降到达雪层，雪层中包括蓝细菌在内的某些微生物对氮素进行固定，参与氮循环过程（图 5-1）。春季和夏季雪层表面的 $NH_4^+$ 浓度与大气中的 $NH_4^+$ 浓度显著线性相关，说明温湿环境条件促进了大气与雪中的 $NH_4^+$ 交换。秋季和冬季空气的相对湿度是决定 $NH_4^+$ 沉降的主要气象因素，即雪层中的 $NH_4^+$ 受时间变化的影响。雪层厚度和海拔高度影响微生物的硝化作用和反硝化作用，海拔越高、雪层越厚，$NH_4^+$ 浓度就越高；而 $NO_3^-$ 浓度越低，总有机氮越低，而且 $NO_3^-$ 和 $NH_4^+$ 分布有空间差异性，两者呈负相关。

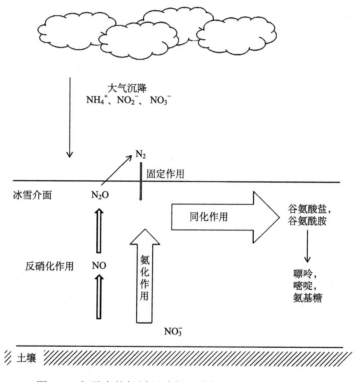

图 5-1　积雪中的氮循环过程（改自 Larose et al., 2013）

## 2. 雪冰汞甲基化过程

大气汞消耗事件（atmospheric mercury depletion events，AMDEs）可将微生物利用的汞沉降到极地地区的积雪，因此可检测积雪中是否存在甲基汞。对埃尔斯米尔岛融雪水排放中甲基汞浓度的分析发现，积雪融水是北极生态系统中最重要的甲基汞来源，雪中检测到的甲基汞占总汞的 7.5%。甲基汞在积雪中的迁移主要有两个路径：海洋气溶胶对甲基汞的迁移或在积雪中产生甲基汞。海洋中的二甲基汞生物源排放被认为是北极和亚北极生态系统积雪中甲基汞的重要来源。二甲基汞不溶于水，其在氧化成甲基汞之前排放到大气中，或者转化的甲基汞在沉积到积雪之前被转移。海洋气溶胶是甲基汞的潜在来源，其在积雪中经历多个活跃的甲基化过程。在 AMDEs 之后，在积雪中检测到可生物利用的汞，在雪和冰的交界处也存在较高的汞浓度，这些过程促进了在康沃利斯岛收集的底栖和附生生物膜样品中检测到的细菌 *merA* 基因的表达。但除这些研究以外，目前关于微生物在北极汞循环中的作用了解还有限，关于融化的积雪中生物/非生物甲基汞产生的过程还需要进一步研究。

## 5.1.2 冰川生物地球化学过程

### 1. 冰川淋融过程

大气物质通过干、湿沉降进入雪冰表面之后，通常随着积雪密实化作用、融水淋溶作用迁移、聚集在冰川内部，经过上述一系列沉积后过程，成为记录气候环境变化的重要指标。在新雪-粒雪-冰的变质过程中，不同冰雪水体中的化学成分将发生富集和淋溶等重要变化。新雪未经变质作用，基本上保持雪在大气中凝华作用所产生的骸晶形态；粒雪是由老雪、中粒雪或直接由新雪继续演化而成；粒雪进而变质成不透气和不透水的冰晶聚合体，即为冰川冰。在雪-粒雪-冰的变质过程中，阴阳离子含量和矿化度逐渐升高。这主要是因为新雪基本上保持大气中的成分，而由新雪到粒雪再到冰的演化中，离子逐渐向下淋溶，迁移到冰层，将晶粒间孔隙封闭，成为不透气和不透水的冰晶聚合体，从而使化学离子富集。冰川冰的晶体内或晶体间含有各种矿物和有机物质，其导电率比晶粒本身的融水要高 20~30 倍，其原因就在于前者是含盐溶液，其中包括 $NH_4^+$、$SO_4^{2-}$、$Cl^-$、$Na^+$、$NO_3^-$、$Ca^{2+}$ 及 $Mg^{2+}$ 等化学离子。它们不是平均分布，而是集中分布在纯冰晶的周围，形成盐壳或盐膜，有时冰晶内部的液泡内也有盐分分布。由此可见，冰晶是一个晶胞壁为液态盐溶液所构成的晶胞，并且只有在温度很低情况下才会冻结。总体而言，新雪变成冰川冰以后，密度增大，晶胞增多，盐分含量也相应增高，即大气颗粒物沉降到雪冰表面之后，其化学离子等组分在雪冰中并非一成不变，而是存在复杂界面交换过程，发生一系列的沉积后过程。

冰川雪层中的淋融过程与积雪类似。对没有淋融作用或淋融作用较弱的冰川（如南北极冰盖），化学离子保存了当时的环境信息，可据此恢复古环境和古气候。然而对于淋融作用强烈的山地冰川，雪融化时 50%~80% 的化学离子会随最初 30% 的融水流失，因此冰川雪层中融水对化学离子成分的再迁移作用（淋融作用）可能将极大改变雪层内化学离子组成的原始季节层理记录，而代之以新的分布形式。近年来，随着冰芯记录化学指标的扩展，也有关于持久性有机污染物的淋融作用的报道，表明较易溶于水的氟化物更容易受淋融作用影响。

21 世纪以来，全球冰川特别是山地冰川经历了前所未有迅速萎缩的过程，全球各大洲高山地区均有冰川顶部雪层受到淋融作用影响甚至消融损失。例如，南美安第斯山凯尔卡亚冰原 2003 年钻取的冰芯上部记录了明显的淋融作用影响。深入研究和理解淋融作用对冰川化学物质迁移转化的影响，是解译冰芯长时期历史记录，特别是近年来受淋融作用影响较大的冰芯记录的基础。

### 2. 冰川微生物过程

微生物随着大气环流传输并沉降到冰川表面，主要包括病毒、细菌、放线菌、丝状真菌、酵母菌和藻类，形成一个以耐冷微生物为主的相对简单的生态系统。1911 年英国维多利亚探险队员在南极 McMurdo Dry Valley Lakes 冰川考察时发现了蓝细菌（Cyanobacteria）。近几十年来，人类对极端寒冷和贫瘠环境条件下的冰川微生物开展了大量研究，冰川微生物已成为极端环境微生物学领域的研究热点。

雪冰中微生物在全球不同区域的分布特征具有显著的差异。巴塔哥尼亚冰川区所发现的雪藻类群（如 Cylindrocystis、Ancylonema 和 Closterium）是当地特有的地方藻类，与南半球其他冰川区雪藻种类截然不同。此外，巴塔哥尼亚冰川区藻类多样性指数为 1.47，远低于位于北半球的喜马拉雅（2.77）和阿拉斯加（2.19）冰川区。冰川微生物分布不仅在类群上具有区域特征，而且在数量上也具有显著的区域差异。南极 Windmill 岛雪冰中雪藻平均生物量高于南美洲巴塔哥尼亚冰川区，然而却远低于北半球的喜马拉雅冰川区和阿拉斯加冰川区。雪冰中优势菌群和数量的差异性反映出不同冰川区气候环境对微生物类群结构和分布的影响。此外，以耐冷微生物为主的初级冰川生态系统中，藻类和菌类是主要生产者，它们以粉尘物质为养分，并包裹大气粉尘颗粒物，进行大量繁殖，最终形成冰尘（cryoconite）。在冰川上富集的藻类会产生大量的有色物质，所形成的冰尘能够显著降低冰川表面的反照率，加速冰川表面的消融过程，从而影响冰川的物质平衡。在喜马拉雅冰川区，藻类富集区域雪冰表面的消融速率是对照区的两倍以上。

通过大气环流传输沉降到冰川表面的微生物按照时间序列被雪冰保存，因此冰芯能记录不同历史时期大气向冰川输送的微生物菌群的数量和结构变化的特征，对不同时期微生物群的研究能够加深我们对过去和未来气候环境协同变化的认知。喜马拉雅地区的 Yala 冰芯中雪藻生物量呈现明显的季节分布特征，形成特异的雪藻年层，并与微粒和氧同位素含量的季节变化具有较好的正相关关系。青藏高原北部马兰冰芯中的细菌生物量与粉尘微粒含量具有密切的对应关系，大气粉尘是冰川雪冰中细菌的载体；在历史气候冷期，大气环流向马兰冰川输送大量粉尘的同时也带来了丰富的微生物。冰川雪冰微生物的研究不仅丰富了我们对冰川-气候影响机制、过去环境变迁历史的认识，同时也为今后发掘新的基因资源，开展生物基因的进化乃至生命起源研究开辟了新途径。

冰川微生物是冰川环境和地球生态系统的组成部分，也是碳氮循环过程的重要参与者。冰川中的藻类从大气中吸收 $CO_2$ 并将其转化为有机物，异养微生物将有机物质分解产生 $CO_2$，再释放到大气中。冰川环境是碳汇还是碳源取决于初级生产者的活性与微生物群落呼吸速率之间的平衡。在冰川表面主要有两种生产者，丝状蓝细菌和绿藻，前者通常与冰尘洞颗粒相关，而后者主要裸露在冰面，它们都利用大气中 $CO_2$ 作为碳源，以太阳辐射作为能源。冰川微生物群落也存在异养微生物，依靠有机质作为碳源，如 α-变形菌和 β-变形菌和拟杆菌。

各种来源的碎屑和气溶胶沉积在冰川表面上，并通过融水重新分布和组合。这些沉积物可以作为营养物质和微生物细胞的来源，微生物在冰上碎片和表层冰-融水界面上生长和繁殖。由于低温、冻融循环、极端辐射和营养物质缺乏等环境因子的限制，相对于大多数无冰环境，冰川环境中的微生物数量和代谢速率较低，但鉴于地球上广阔的冰川分布，冰川表面的生物过程不容忽视。冰川微生物的光合作用仅适用于厚度小于～3 mm 的冰尘洞，由于呼吸作用的优势，较厚的沉积层很可能成为大气中 $CO_2$ 的来源。在北极冰川和冰盖上，由于侧向热传导和太阳辐射的吸收，深色的沉积物融化到冰中。如果给予足够的时间，这些沉积物往往会扩散到单颗粒层。冰川和冰盖中更稳定的（没有融水扰动使沉积物扩散）部分可能会成为 $CO_2$ 净汇（图 5-2）。

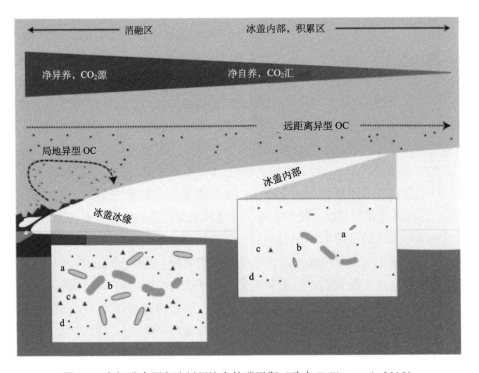

图 5-2    有机碳来源和冰川环境中的碳平衡（改自 Telling et al., 2015）

冰川和冰盖表面主要有三种类型的有机质：①原生有机碳，由原位初级生产者新鲜生产的有机碳和作为细胞渗出物或死细胞残留物释放的有机碳代表最不稳定的形式。②区域异地有机碳，来自相邻冰川消融区域的植被产生的有机碳含有更多的难分解的有机化合物，如纤维素和木质素。③远距离传输有机碳，从远距离传输来的有机碳包括来自烟尘颗粒的黑碳，持久性有机污染物和其他人为碳物质。在这三种类型中，原生有机碳是大部分融化冰川表面的主要基质，支持了大多数原位微生物群落的呼吸作用。异地有机碳可占冰川和冰盖边缘有机碳库的 25%，因此这些异地区域可能更容易释放出 $CO_2$，但这些环境中的微生物活性相对较低，导致所产生的有机碳不完全分解。

氮对于维持冰川微生物的活性及其生长极其重要。由于冰川基岩只含有微量氮，其风化所产生的氮输入对冰川微生物的作用很低，因此，尽管氮气转化为铵的能量需求很高，但固氮微生物的生长对于冰川似乎是氮输入的唯一途径。固氮微生物可利用固氮酶的催化作用来完成固氮作用，这些生物具有编码固氮酶的基因。固氮酶由两种金属蛋白组成，即铁蛋白和钼铁蛋白。固氮酶不仅催化氮气还原成氨，而且催化质子还原成氢，并还原各种替代底物（如乙炔、叠氮化物或氰化物）。

### 3. 冰尘微生物过程

冰尘是冰川生态系统的重要组成部分，是微生物的主要栖息地。冰尘中的微生物通常由多个营养级组成，包括藻类、古菌、细菌、真菌和原生生物。微生物在决定冰尘形状和大小上起到重要的作用。冰尘中自养蓝细菌的生长和繁殖通常被认为是导致冰尘颗粒变大的重要因素。一般来说，稳定的冰尘颗粒形成于蓝细菌较为丰富的地方。这是因为蓝细菌在生长、繁殖过程中能通过黏性腐殖质或者胞外聚合物缠绕、黏附小颗粒，而异养微生物则通过分解有机质来限制冰尘颗粒的增长，但有机质在降解过程中，会产生一些黏性腐殖质，从而增强颗粒之间的聚合作用。因此，冰尘颗粒的大小可能由丝状自养细菌的结合能力、其他有机质的吸附潜力及异养细菌的分解速率决定。

冰尘较低的反射率加速了冰川表面的融化，形成冰尘洞。冰尘洞为微生物活动提供了一个较好的栖息环境。冰尘洞内的微生物具有较高的活性和代谢活动，能通过一系列的代谢途径参与冰川表面的生物地球化学循环。目前的主要研究集中于 C、N、P 循环，尤其是碳循环的研究较多。冰尘洞中存在大量的光能自养型微生物，如蓝细菌和其他藻类，他们通过光合作用固定大气中的 $CO_2$ 并产生有机质，以维持冰尘中其他异养微生物的生存。冰尘中碳的固定（自养生物）和分解（异养生物呼吸）非常活跃，其速率与温带营养丰富的环境下相当。

冰川微生物活动导致的碳的形态转变可以决定冰川表面的反射率，并影响下游环境中碳的质量与数量。一般利用净生态系统生产力（NEP）来描述自养（固定 $CO_2$ 转变成有机物）与异养（有机分子分解产生 $CO_2$）作用之间的平衡。冰尘中细菌活动对冰尘洞 NEP 的影响主要通过异养细菌的碳氧化过程实现，获得的能量用于细菌生长及生产。南极、北极和阿尔卑斯地区冰尘洞中的细菌生产力为 $0.13 \sim 39.7 \ \text{ng C}/(\text{g} \cdot \text{h})$。微生物活动会改变冰尘洞内的一些化学性质，如 $CO_2$ 的固定使冰尘洞上覆水的 pH 值升高，尤其是在南极地区。

冰尘洞中的 $CO_2$ 固定几乎完全通过 Calvin–Benson 循环完成，即在光能作用下生成有机物 3-磷酸甘油醛（glyceraldehyde 3-phosphate），3-磷酸甘油醛再经一系列反应生成可供生物直接利用的能源物质葡萄糖。细菌群落可以利用有机碳作为能源和碳源，因此冰川表面较强的太阳辐射可以有产氧及不产氧光合作用。蓝细菌产生的胞外聚合物也是一种重要的溶解性有机碳组分，因此耗氧光能营养细菌可能有助于提高冰尘中溶解性有机碳的含量，反过来通过光降解溶解性有机碳形成 $CO_2$。我们目前已经知道冰尘中存在溶解的营养物质和较高的溶解性有机碳，但对于微生物与冰尘内各种有机质之间的相互关系还缺乏深入认识。

在氮循环中（图 5-3），$N_2$ 通过固氮酶的催化而被固定在氨（$NH_3$）中，在酸性条件下，氨易于转化成 $NH_4^+$。硝化作用的过程是一个产生能量的反应，包括氨氧化作用将游离的氨氧化成亚硝酸盐（$NO_2^-$）和亚硝酸盐氧化成硝酸盐（$NO_3^-$）的过程。由硝酸盐还原成亚硝酸盐的过程是由硝酸盐还原酶蛋白所催化，一旦形成亚硝酸盐，可以通过三种厌氧途径进行还原：①亚硝酸盐还原成 $N_2$，这个过程称作反硝化过程；②通过异化性硝酸盐还原作用形成氨盐基（DRNA）；③通过厌氧氨氧化作用，将氨氧化作用耦合到亚硝酸盐还原过程，形成 $N_2$。在反硝化过程中，使用两种亚硝酸还原酶蛋白 *nirS* 和 *nirK* 将亚硝酸盐还原为一氧化氮（NO）；然后使用 NO 还原酶，将 NO 还原为氧化亚氮（$N_2O$），并使用 $N_2O$ 还原酶将 $N_2O$ 还原为 $N_2$。

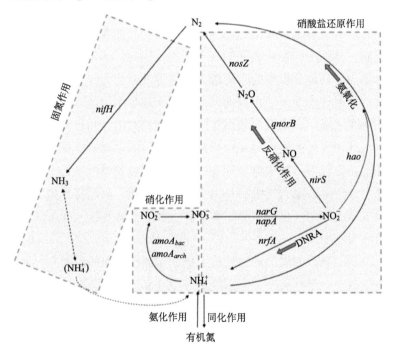

图 5-3　冰川冰尘中微生物介导的氮循环示意图（改自 Cameron et al., 2012）

北极冰尘洞中病毒丰度远低于温带海洋和淡水生态系统中病毒平均丰度，与南极洲淡水中的病毒丰度相当。全球冰川中的病毒在碳和养分循环过程中起着与温带地区相同甚至更高的作用。同时，病毒感染是导致冰川生态系统细菌死亡的主要原因，因此病毒很可能是控制冰川微生物群落的主要生物因子。北极冰川冰尘洞内病毒丰度跨越 5 个数量级，且冰尘洞内不同区域内病毒丰度差别较大，一般而言，底层沉积物的病毒丰度要高于水或者冰中的病毒丰度，其范围为 $8.79\times10^{6}\sim2.62\times10^{9}$ VLP/g。例如，北极斯瓦尔巴特群岛地区的山谷冰川以及格陵兰冰盖消融区冰尘洞沉积物内的病毒平均丰度值为 $(14.8\pm7.3)\times10^{8}$ VLP/g，但水和雪中病毒丰度较少，一般在 $10^{5}$ VLP/mL 左右。北极山谷冰川冰尘洞水中的病毒丰度为 $2.4\times10^{5}\sim11.9\times10^{5}$ VLP/mL，而冰中病毒丰度只有 $1.0\times10^{4}\sim56\times10^{4}$ VLP/mL。

病毒生产力（VP）是病毒活性及病毒侵染状况的一个指标，定义为单位体积单位时间内新的病毒颗粒的释放量。冰尘洞沉积物中病毒生产力大致与海洋沉积物相同，高于水中病毒生产力。北极冰川冰尘洞中平均病毒生产力为 $(7.06\pm1.8)\times10^{7}$ VLP/(g·h)，平均细菌碳产生（BCP）值为（$57.8\pm12.9$）ng C/(g·h)。地中海沉积物病毒生产力为 $1.1\sim61.2\times10^{7}$ VLP/(g·h)，而水生生态系统中病毒生产力为 $10^{3}\sim10^{6}$ VLP/(g·h)。总体上，病毒生产力与细菌丰度显著正相关，随细菌丰度增加，病毒生产力逐渐增大。

微生物食物环是指异养细菌吸收利用生产者生产、消费者摄食及其他过程中产生的溶解有机物，将其部分转化为自身的颗粒有机物，并且随着细菌被原生动物摄食，这些颗粒有机物又重新回到主食物链中不断循环利用的过程。病毒通过裂解宿主，使得宿主体内的溶解有机物释放出来，再次被未感染的异养细菌吸收利用，从而使得大部分物质和能量在微生物食物环中再循环，最终被呼吸作用消耗，产生无机营养物质。以上氧化有机物、再生无机营养的循环被称为病毒回路。冰尘洞是微生物主导的生态系统，微生物食物环是能量和碳流动的主要途径。

病毒在冰尘洞等寒冷、寡营养生态系统中碳和营养物质的循环中发挥着重要的作用。冰尘洞中微生物通过光合和呼吸作用进行碳循环。全球范围内冰尘洞每年固定约 64 Gg C（光合作用产生 98 Gg C，呼吸消耗 34 Gg C）。其中，蓝细菌是最主要的光合微生物，也是冰尘洞中重要的初级生产者。例如，北极沉积冰尘洞中蓝细菌的生物量为 20700～423000 $\mu m^{3}$/mg，占全部光合微生物群落生物量的 90%。沉积冰尘中蓝细菌丰度大概占全部光合微生物丰度的 87%～99%。沉积冰尘洞的有机碳只有 7%被异氧细菌群落所利用，因此冰川表面能够积累有机碳，这些碳可能对下游或者临近生态系统的生物地球化学过程具有重要作用。

## 5.1.3　多年冻土生物地球化学过程

### 1. 汞甲基化过程

大气中的汞沉降到多年冻土区土壤表面，与活动层中有机质结合而不断积累。多年冻土区存储大量的汞，在气候变暖背景下，多年冻土退化导致土壤中的营养物质和汞释放，并随径流进入河流和湖泊等水生生态系统。多年冻土退化导致土壤直接暴露，加之光降解的影响，加速了汞的甲基化过程。当甲基汞在水生食物网中积累时，鱼类组织中的甲基汞浓度可能会超过鱼类生活的水体中甲基汞浓度的一百万倍。因此，即使偏远环境的地表水中汞和甲基汞浓度较低，较高的营养级鱼类如大眼鱼和梭鱼中甲基汞的浓度也会超过人类食用标准。在加拿大西北部的泰加平原地区，由于汞含量较高，政府已经对一些湖泊中某些鱼类提出了食用建议。

汞甲基化主要是由厌氧微生物（主要是硫酸盐还原细菌）代谢作用促进的生物过程。这种厌氧微生物可在缺氧环境如泥炭地中迅速生长。北方泥炭地是生态系统甲基汞排放的主要来源。加拿大泰加平原南部的多年冻土退化，地下冰融化导致地表沉降和淹没，形成了有利于甲基汞产生的饱和含水量与缺氧条件，从而形成潜在的甲基化条件。另外，甲基汞浓度在很大程度上取决于甲基化细菌的生产力，这需要足够浓度的硫酸盐和不稳定的溶解有机物来促进其代谢。与阿拉斯加多年冻土退化有关的微生物是目前已知与汞甲基化有关的基因簇中表达最强的一种。

## 2. $CH_4$ 产生与氧化过程

$CH_4$ 是在严格厌氧条件下由产甲烷菌作用于产甲烷底物的产物产生的，充足的底物供应和适宜的产甲烷菌生长环境是 $CH_4$ 形成的先决条件。在厌氧条件下，土壤中残留的氧气逐渐被好氧或兼性细菌消耗掉，迫使兼性或专性厌氧细菌依次将 $NO_3^-$、$Mn^{4+}$、$Fe^{3+}$、$SO_4^{2-}$ 和 $CO_2$ 作为电子受体进行呼吸作用，并分解有机碳以获取生长和繁衍所需的碳源和能源，从而逐步形成还原环境，当达到极端还原环境的时候，产甲烷菌开始产生 $CH_4$。

产甲烷菌是一类形态多样且具有特殊细胞成分和产甲烷功能的厌氧细菌，迄今已分离到 70 余种，它们可以在温和的栖息地生存，如稻田、湖泊、淡水沉积物、动物的胃肠道等，也可以在极端的栖息地生存，如热液喷口、高盐栖息地或多年冻土区土壤和沉积物等。产甲烷菌能够利用的底物种类十分有限，一般为最简单的一碳或二碳化合物，例如 $CO_2$、$CH_3OH$、$CH_3COOH$ 和甲胺类等，最主要的底物为醋酸盐和氢，其他底物产甲烷率不超过 5%。在多年冻土区寒冷环境中，产甲烷菌的能量代谢途径主要有两种：①醋酸盐发酵途径：在甲基营养产甲烷菌的参与下，对含有甲基的化合物进行脱甲基作用，这是土壤中 $CH_4$ 形成的主要途径。②氢营养型途径：在专性矿质营养产甲烷菌的参与下，以 $H_2$ 或甲酸作为电子供体还原 $CO_2$ 形成 $CH_4$。

多年冻土区水位线将活动层分为有氧层和厌氧层，多年冻土层为厌氧层。多年冻土中 $CH_4$ 从厌氧土壤层向大气的传输方式主要有三种：扩散（缓慢）、鼓泡（快速）和植物媒介导转运（绕过含氧土层）（图 5-4）。植被是微生物作用和 $CH_4$ 运移的一个重要因素，在不同环境下对 $CH_4$ 排放有增强作用或减弱作用。通过维管植物的通气组织，氧气从大气输送到根际，从而在其他缺氧土壤层中促进 $CH_4$ 氧化。相反，通气组织是 $CH_4$ 从缺氧层向大气输送的主要途径，它绕过了土壤中 $CH_4$ 氧化最为突出的厌氧/有氧界面。从多年冻土潮湿环境中释放的 $CH_4$ 中约 68% 是通过苔草等莎草植物输送的。此外，植被

为 $CH_4$ 生成提供了基质，如腐烂的植被残枝落叶和新鲜的根系分泌物，从而促进 $CH_4$ 的产生。虽然多年冻土区具有低温的气候条件，但产甲烷种群的丰度和组成与温带土壤生态系统的群落相似。

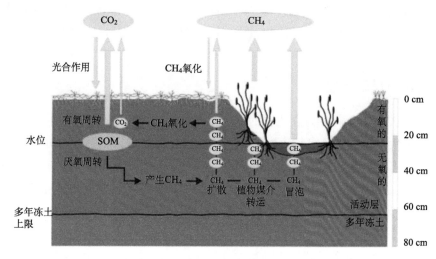

图 5-4　多年冻土区 $CH_4$ 的产生和氧化过程示意图（改自 Wagner and Liebner, 2009）

$CH_4$ 的产生速率取决于温度、pH 值和基底的可用性。多年冻土退化过程中随着土壤温度的升高以及活动层厚度的加深，导致额外的基质释放供微生物分解利用，从而加速多年冻土区 $CH_4$ 排放。在小区域尺度上，$CH_4$ 通量与地下水位、土壤温度、生产力和植被组成有关。多年冻土退化另一表现形式是形成热喀斯特地貌，地表沉降影响水文路径，导致部分有机物被输送到下游的生态系统，进而被分解释放到大气中。热喀斯特通过对细颗粒物质的侵蚀作用导致沙砾含量增加，从而使得 $CH_4$ 排放量增加，但不同的热喀斯特地貌由于土壤孔隙度、含水量及存在的甲烷菌丰度不同，使得 $CH_4$ 排放通量存在差异。多年冻土退化也会通过改变土壤物理及自然条件，增加 $CH_4$ 通量。

$CH_4$ 氧化过程主要包括 $NO_2^-$ 和 $NO_3^-$ 型 $CH_4$ 厌氧氧化途径，$SO_4^{2-}$ 和 $Fe^{3+}$ 甲烷氧化途径。$NO_2^-$ 氧化甲烷过程是指细菌以 $CH_4$ 为唯一能源，通过将 $CH_4$ 氧化成 $CO_2$ 获得能量，同时将 $NO_2^-$ 还原为氮气。$NO_3^-$ 氧化甲烷过程是通过逆向产甲烷途径耦合 $NO_3^-$ 部分还原与 $CH_4$ 的厌氧氧化，同时将 $NO_3^-$ 还原为 $NO_2^-$。$SO_4^{2-}$ 还原过程氧化 $CH_4$ 为互养的新陈代谢，甲烷氧化古菌通过菌毛载体转移胞外电子、细胞色素碳蛋白至硫酸还原菌，从而实现 $CH_4$ 被氧化成 $CO_2$，$SO_4^{2-}$ 还原为 $S^{2-}$。$Fe^{3+}$ 氧化还原过程，氧化甲烷是一种呼吸代谢过程，甲烷氧化古菌直接通过呼吸作用将可溶态的氧化态铁化合物作为电子受体获得氧化所需的能量，另一种是理论假定的呼吸代谢过程，甲烷氧化古菌将胞外电子转移到氧化铁矿物晶体。

影响 $CH_4$ 氧化的因素主要包括：①土壤中 $CH_4$ 含量：$CH_4$ 氧化速率与土壤中 $CH_4$ 含量成正比；②氧化层的厚度：$CH_4$ 在有氧层向大气转移时主要通过分子扩散的方式来

完成，因此，较厚的有氧层延长了 $CH_4$ 传输距离，增加了 $CH_4$ 氧化概率，$CH_4$ 氧化率相对较高；③甲烷的传输方式：以分子扩散方式为主的甲烷被氧化率较高，而以气泡方式传输为主的甲烷氧化率较低，在有维管植物生长的地方植物可以通过通气组织传输 $CH_4$，从而避开土壤有氧层，降低甲烷被氧化的概率；④温度也会影响到甲烷氧化速率，但与产甲烷的温度敏感性相比，甲烷氧化过程对温度的敏感性较低，不同温度条件下甲烷产生的变异性相对较小。

### 3. 硝化与反硝化过程

硝化过程是指有机体通过微生物的分解和矿化作用，将有机氮转化为 $NH_4^+$，之后部分 $NH_4^+$ 被带负电荷的土壤黏粒表面和有机质表面功能基吸附，另一部分被植物直接吸收，最后，土壤中大部分 $NH_4^+$ 在硝化细菌作用和有氧条件下被氧化成亚硝酸盐和硝酸盐的过程。硝化过程包括自养硝化过程和异养硝化过程，其中自养硝化过程是指自养硝化细菌以 $CO_2$ 作为碳源，并从 $NH_4^+$ 的氧化中获得能量。首先由亚硝化细菌将 $NH_4^+$ 氧化为 $NO_2^-$，中间过渡产物为羟胺 $NH_2OH$，然后由硝化细菌将 $NO_2^-$ 氧化成 $NO_3^-$，最后把亚硝态氮转化为硝态氮。异养硝化过程是指在好氧环境中，异养微生物以有机碳为能源，将 $NH_4^+$、$NH_3$ 或含氮有机化合物氧化成 $NO_2^-$、$NO_3^-$ 的微生物学过程。异养硝化过程除能形成 $NO_2^-$ 和 $NO_3^-$ 外，也能形成 $N_2O$、$NO$ 等微量含氮气体。

土壤中铵态氮在亚硝化和硝化细菌作用下转化为硝态氮的过程称为硝化作用，$NH_4^+$ 离子转化为 $NO_3^-$ 离子需要释放 $2H^+$，这是引起土壤酸化的重要来源。反硝化作用实质上是硝化作用的逆过程，是指在厌氧条件下，硝酸盐或亚硝酸盐通过反硝化细菌，还原为 $N_2O$ 或 $NO$，进而被还原为 $N_2$ 的厌氧呼吸过程。包括生物反硝化和化学反硝化两种。反硝化作用导致 $N_2O$ 释放，$N_2$ 是反硝化过程的最终产物。该过程可使土壤中固定的 N 以气体的形式释放回到大气中，使得 N 在大气和土壤中的周转形成一个闭合的回路。

生物反硝化作用是指在缺乏氧气条件下，由反硝化细菌将 $NO_3^-$ 或 $NO_2^-$ 异化还原为 $NH_3$ 的微生物过程，通过这个反硝化过程，被固定的氮又回到大气氮库。微生物反硝化作用可根据反应的能量来源不同分为异养反硝化和自养反硝化，其中异养反硝化以有机化合物的分解和氧化能量为来源，自养反硝化以氧化无机化合物为能量来源。参与反硝化作用的微生物类群较多，并且广泛分布于自然界中，包括光营养型、矿质营养型和有机质营养型三类，分别从光、无机物和有机物中获得用于生长和繁殖的能量。在缺氧并且存在充足的水分和可分解有机物时，异养反硝化细菌将 $NO_3^-$、$NO_2^-$ 和 $N_2O$ 等氮氧化物作为代替氧气的电子受体而还原。土壤 $NO_2^-$ 降解主要受土壤 pH 值和有机质含量控制，$NO_2^-$ 与有机分子发生化学反应，形成 $NO$，分解为 $N_2$、$N_2O$。

多年冻土区由于土壤物理化学特征、微生物种类以及所处地理环境差异，致使多年冻土区与其他生态系统在氮的矿化过程存在较大差异。活动层冻融作用主要通过影响土壤物理、化学性质和微生物学性状进而对陆地生态系统氮循环过程产生影响。土壤有机氮矿化过程主要受冻结温度和冻融次数的影响。一般来说，冻融作用会促进土壤氮矿化过程，低温冻结过程通过破坏土壤结构，导致 $NH_4^+$ 释放从而有利于氮的矿化；同时，极端低温对微生物具有破坏作用，而死亡微生物可为其他微生物提供更多养分，从而增强微生物活性，更有利于氮矿化的进行。此外，冻融过程中部分死亡微生物细胞破裂直接释放出无机氮也可以增加土壤无机氮含量。冻融作用在降低反硝化细菌数量的同时，也增强了反硝化细菌的活性。凋落物、植物根系、微生物的死亡及土壤团聚体在冻融过程的破坏均会促使更多的碳氮等营养物质释放。冻融过程中死亡微生物能够使土壤溶液中的单糖、氨基酸等物质的浓度增加 10～40 倍，这些营养物质进一步增加了土壤微生物活性。同时，土壤颗粒表面冻结后形成的薄冰膜使土壤颗粒形成较封闭的缺氧环境，加上土壤中氧气消耗或融化后土壤含水量的增加，使得土壤中氧气含量减少形成缺氧环境，有利于反硝化作用的进行。北极地区微生物的硝化与反硝化效率较高，在扰动的矿质土壤表层可以观测到 $N_2O$ 的产生，并成为多年冻土退化过程的一种重要温室气体。但是在中低纬度山地多年冻土区，土壤固氮速率较低，因此植被对氮的获取在很大程度上依赖于土壤微生物对凋落物中氮素的分解。山地多年冻土区土壤氧化还原电位较低，阻碍深层土壤中氮的矿化过程，并且氮的有效性限制了多年冻土区植被生产力，导致植物凋落物的输入量较低，有机质分解缓慢，氮含量普遍较低。此外，由于缺乏硝化和反硝化作用所需要的非均质土壤湿度和氧气条件，导致 $N_2O$ 释放速率较低。在多年冻土退化过程中，土壤有机质分解速率加快，活动层厚度增加，土壤水分含量升高，不仅促进植被对表层土壤中氮的利用，也导致深层土壤中储存的大量氮以溶解态的形式释放出来。多年冻土区热喀斯特地貌的发育通过改变微地形、水分梯度及土壤的通气性，为硝化与反硝化过程创造了有利条件。例如，热融滑塌形成沟壑底部的矿质土壤中含有丰富的溶解性有机碳，可为反硝化过程提供电子受体，增加 $N_2O$ 释放（图 5-5）。同时，热融滑塌沟壑发育于富冰多年冻土区，其潮湿酸性的土壤含有大量的无机氮，可作为微生物硝化作用的底物。

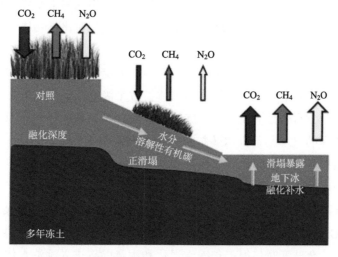

图 5-5　热喀斯特影响多年冻土碳氮释放过程示意图（改自 Mu et al., 2017）

### 5.1.4 河湖冰生物地球化学过程

河冰对水体的生物地球化学过程具有重要意义，例如，河冰冻结过程中对 PAHs 具有排斥作用，但是由于部分被排斥到冰晶表面或孔隙中的 PAHs 无法及时迁移到冰下水体，河冰中依然可以检测出 PAHs。河冰中检出的 PAHs 以低环和中环为主，高环比例较低。河冰中 PAHs 的浓度较同期冰下水体浓度低，空间分布规律与冰下水体一致。另外，河冰对常规化学离子具有显著的排斥作用，河冰矿化度显著低于河水矿化度。

湖冰生物地球化学过程包括直接作用和间接作用，直接作用是指湖冰内部自身的生物地球化学循环过程，间接作用则可理解为湖冰的存在对冰下水体生物地球化学过程的影响。湖冰的直接作用主要包括湖冰冻结过程中对化学物质的排斥作用。排斥作用的基本原理是结冰过程中优先形成纯冰晶，而细小、平整且不含杂质的冰晶互相连接合并形成柔性冰，伴随着温度的持续降低，柔性冰相互结合变厚，形成坚硬的冰层。该过程中，在冰-水界面形成高浓度的液体，由于浓度差的存在，化学物质向低浓度水体迁移，水分子则在冰晶表面凝结。在实际的研究中，冰体对具体化学物质的排除强度用排除因子（冰下水体中的浓度/冰体中的浓度）或排斥率（（冰下水体中的浓度-冰体中的浓度）/冰下水体中的浓度）表示。由于结冰速率、化学物质的性质不同，不同湖泊结冰过程中对不同化学物质的排斥作用强度也有差异。例如，黑冰对盐分的排斥达到 87%～99%，白冰的排斥率可达 43%～90%。而湖泊有色有机质的排斥因子为 1.4～114.4，只有少量的低分子量的有机质可保留在湖冰中。湖冰对有机质的排斥系数通常是无机离子的 2 倍，$Ca^{2+}$ 和 $Mg^{2+}$ 的排斥系数是 $NO_3^-$ 的排斥系数 2～10 倍。因此，通常湖冰对化学物质的排斥能力为：有机质>$Ca^{2+}$/$Mg^{2+}$>$NO_3^-$。湖冰中可以检测到化学物质，这主要是冰晶连接合并过程中部分化学物质没有完全进入水体，而是保存在两个冰晶交界处或多个冰晶形成的毛细管内。结冰速率越慢，排斥的化学物质越容易迁移到冰下水体，结冰速度越快则越容易封闭到湖冰内部。因此，通常认为湖冰冻结的快慢对化学物质的排斥强度具有重要影响。

除排斥作用，结冰过程中冰层可以捕获气泡。冰层中的气泡分布和形态具有很大的差异，是湖冰的冻结速率和被排斥气体向水体扩散平衡的结果。气体在水体中的溶解度通常是冰体中的至少两个数量级，因此冻结过程中存在显著的排斥作用。非饱和湖水缓慢冻结时，被排斥的气体易于向水体扩散，形成气泡量很少的冰体。快速冻结时冰-液界面易形成过饱和液层，从而形成非溶解气体并被捕获，形成细长型、球形或坚果形的气泡。如果湖泊底泥存在大量的鼓泡排气过程，则易于形成巨大而独立的扁平型气泡。气泡中气体组分随着湖冰深度变化而有所差异，$O_2$ 混合比随湖冰深度显著下降，而 $CO_2$ 混合比则升高，$CH_4$ 混合比的变化较为复杂，不同湖冰差异显著；$N_2$ 的混合比大约为 78%，与湖水表层相似。全球变暖使得多年冻土退化和大量的碳进入湖泊水体，底泥厌氧环境

可以产生大量的 $CH_4$ 并通常以鼓泡的方式释放到大气。冬季湖冰对气泡的捕获特性可利用湖冰中的气泡数量和形态来评估湖泊 $CH_4$ 排放潜力。

湖冰的间接作用主要指湖泊冻结过程、覆盖和消融引起的下层水体环境变化，进而影响化学物质的生物地球化学循环。湖泊结冰和消融的过程中，湖水中的微生物群落和数量会发生显著的变化，影响最为显著的是湖水温室气体 $CO_2$ 和 $CH_4$ 释放，湖泊的呼吸作用和光合作用控制 $CO_2$ 的释放或吸收，而 $CH_4$ 的产生和氧化则控制着 $CH_4$ 的释放过程。湖冰的覆盖对冰下水体环境产生显著的改变，水量输入减少、温度降低、水-气交换阻滞、光照条件不均，从而通过改变外部输入的时间、量级和内部过程的速率引起 $CO_2$ 和 $CH_4$ 通量的改变。然而结冰时湖泊水体 $CO_2$ 和 $CH_4$ 的累积受到多种因素的影响，因此不同的湖泊差异很大。总体而言，小而浅的湖泊底泥的新陈代谢是 $CO_2$ 累积的控制因素，而大而深的湖泊水柱中的生物过程更重要。小而浅以及有机质丰富的冰封湖泊，持续的底泥生物代谢和之后的扩散使得底部湖水 $CO_2$ 浓度最高；大而深的湖泊底部湖水中 $CO_2$ 浓度低于小而浅的湖泊。此外，大风环境会使得冰面积雪分布不均，造成冰下光照和温度的差异，从而使得藻类和营养成分易于悬浮在透光区，相应的改变表层水中的 $CO_2$ 浓度。此外，大而深或水质好的湖泊，通常具有较深的透光区和较好的氧气环境，潜在的光合作用可能会造成 $CO_2$ 的降低。总体而言，湖泊冰封期冰下水体中 $CO_2$ 浓度普遍累积。然而，$CH_4$ 的变化则随着湖泊的不同具有显著的差异性。冬季底泥厌氧环境下向水体的扩散和鼓泡释放可能对 $CH_4$ 有重要的影响，扩散可造成底层水体的 $CH_4$ 浓度升高，而鼓泡则造成冰水界面浓度升高。鼓泡释放强度既受到湖水深度的影响，也与温度正相关。因此，冬季湖泊底泥的温度对冰下 $CH_4$ 的分布特征起到重要的作用。在浅湖中 $CH_4$ 通常会有显著累积，但是如果冰层达到湖底，则 $CH_4$ 的积累很小。$CH_4$ 的氧化在不同的湖泊中有差异，且其对湖冰下 $CH_4$ 循环的影响尚不完全清楚。湖底厌氧和好氧界面既具有较高的 $CH_4$ 浓度，同时 $O_2$ 依然存在，因此 $CH_4$ 氧化速率较高；此外，鼓泡排放的气泡易于被冰封闭在冰下水体表面或被冰捕获，在冰-液界面可能是 $CH_4$ 氧化的活跃区域。总之，湖冰对 $CO_2$ 和 $CH_4$ 的生物地球化学循环的影响是一个复杂过程。

湖冰的存在阻隔了大气的干湿沉降，进而影响盐类和重金属等化学物质。同时由于排斥作用的存在，通常会导致冰下水体中化学物质的浓度升高，进而可能影响湖水 pH 值以及水体和底泥之间化学物质的交换。此外，由于冰体较水体盐类浓度较低，因此春季湖冰消融时，湖泊上层形成淡水层，与下层水体的密度差抑制春季翻转，进而影响春季湖水和大气之间气体成分的交换（如 $CO_2$ 和 $CH_4$ 的释放，以及湖水 $O_2$ 的补充），但不同的湖泊差异很大，有些湖泊依然存在强烈的春季翻转。

综上所述，目前对河湖冰生物地球化学过程的研究还较少，尚不足以判断河湖冰对各类化学物质生物地球化学循环的重要程度。但在全球变暖的背景下，全球河湖冰在持续时间、厚度、冰的形态等方面可能产生显著改变，而由此带来的湖泊和河流生物地球化学循环的改变需要特别关注。

## 5.2　海洋冰冻圈

目前对海洋冰冻圈生物地球化学过程的研究主要针对海冰而开展，对海冰中的化学成分参与的生物地球化学循环过程已有一定的认识，而对冰山、冰架及海底冻土的生物地球化学过程认识较为薄弱。

### 5.2.1　海冰化学成分的迁移和转化

海冰作为一种动态介质，可存储季节至多年尺度的颗粒物及溶解物，包含营养物质和有机物循环的多种生态系统过程，驱动着极地海洋生物地球化学过程。海冰由纯冰、卤水间隙以及气泡等组成，并受物理、化学、生物过程的影响进而影响有机营养与有机物的循环与归趋。通常而言，海冰中溶解物质的浓度受形成海冰的海水组成的影响。海冰–海洋界面与大气–雪冰界面的边界通量也可影响海冰中溶质的浓度（图 5-6）。

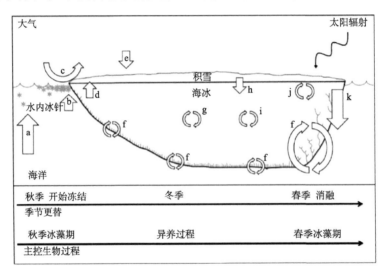

图 5-6　海冰生长、融化以及影响海冰中可溶性物质和颗粒物的过程示意图（改自 Meiners and Michel, 2017）

a 表示水内冰针对成岩和生物质的清除过程；b 表示由于波场泵浦和对流而形成新海冰导致的颗粒物筛分过程；c 表示由风蚀和排气引起的气溶胶形成过程；d 表示卤水排出过程；e 表示大气干湿沉降；f 表示可渗透海冰层中的卤水对流过程；g 表示成岩/生物成因颗粒物的化学/物理促溶作用；h 表示雪冰形成过程；i 表示将溶解的有机前体物冷冻浓缩并凝结成凝胶过程；j 表示影响有机物与无机物溶质池的光化学过程；k 表示融水冲刷作用

与冰川中有机质生物地球化学循环类似，海冰微食物网中细菌利用藻类产生的溶解有机质，并将溶解有机质转化成颗粒有机质。细菌生物量反过来为异养原生生物提供食物来源，细菌摄取溶解有机质和胞外分解物的溶解有机质，可能介导必需的微量元素、常量元素及维生素的释放，能促进藻类的初级生产。目前关于海冰中病毒的研究较为缺乏，有限的信息表明海冰中病毒丰度高，病毒感染速率高。病毒裂解细菌宿主释放溶解有机质，可以给未被感染的细菌提供生长底物。这种效应在海冰这种半封闭的咸水系统中可能增强，突出了病毒对海冰-盐水生物地球化学循环的潜在作用。

目前尚没有被测出海冰的原位细菌 EPS 的产生速率。粗略估测海冰细菌 EPS 产生速率通常比藻类低。然而在不同的栖息地，如冬季海冰表面，细菌可能作为与海冰相关的 EPS 的主要来源。而且，*Pseudoalteromonas* 产生的 EPS 是阴离子聚合物，可以结合阳离子（如痕量金属），因此海冰细菌产生的 EPS 可能影响痕量金属的可利用性，但目前对其交互作用了解不够深入。此外，海冰 EPS 也可以作为细菌生长的底物，并且已经证明可以增加 $NH_4^+$ 的产量，这可能是有异养原生生物捕食过程的结果。

区别于细菌，冰藻主要利用海冰卤水中含有的 $CO_2$ 和无机营养元素，是海冰系统中最重要的内源 DOC 和 EPS 的生产者。不管是在有光或者无光的条件下，冰藻都可以吸收 DOC 和 EPS，但关于冰藻的兼性异养性仍知之甚少。冰藻的生长需要 C、N、P 及许多微量元素，如 Fe、Si 等。冰藻可以作为营养元素的储存库，富含生物质的底层冰层被描述为营养元素的容器，是由于他们能季节性地累积海冰中的常量元素和颗粒有机物中的 Fe。限制海冰藻类的主要营养元素是 $NO_3^-$ 和 $Si(OH)_4$，海冰、冰下水营养浓度和藻类生物量之间存在正相关的关系。营养胁迫影响藻类生理和新陈代谢，并且通常伴随细胞通过被动渗出和主动过程渗出释放 DOC。海冰藻类在环境胁迫下，胞外有机碳组分产量（包括 DOC 和 EPS）会大幅度增加。此外，冰藻的分布与 EPS 浓度紧密相关，EPS 质量和复杂性受到环境条件的影响，如海冰温度、盐度等。物理（如温度、盐度等）和化学（如常量元素浓度、pH 值等）驱动因素的耦合可以调节冰藻胞外碳（包括 DOC 和 EPS）的产生。

由于海冰融化，在冰与水界面处海水盐度降低，海水的垂直稳定性增强。冰内和冰上栖息的藻类大量繁殖。海冰中大量的海藻、细菌等，通过光合作用和异氧呼吸等对海冰化学有重要的影响。在有大量海藻、初级生产力比较高的条件下，海冰卤水中溶解的无机碳和 $CO_2$ 气体显著下降，pH 值升高（可达 10），$O_2$ 过饱和。溶解的无机碳和 $CO_2$ 气体显著下降而 $O_2$ 过饱和说明藻类的光合作用超过了净呼吸作用。实际上这种关系只有在海藻大量繁殖时出现。如果大量海藻死亡，细菌繁殖，这种趋势将是相反的。

海冰中卤水通道内的异养原生生物和后生生物的主要生物地球化学作用是摄取颗粒状有机碳（如颗粒状 EPS，细菌和藻类）和排泄的无机营养元素的再矿化。海冰中存在功能性微食物环，细菌数量通常与高浓度的 DOC 和 EPS 有关，亦受到捕食作用的影响，但并不受异养原生生物调控。海冰中食草动物牧食作用的影响和碳的需求较低，在冰藻初级生产力中仅占很小比例，其中大部分有机碳是在海冰消融期间释放的，主要对浮游食物网和颗粒的输出起作用。虽然异养原生生物和后生生物对碳转移的总量不大，相关的研究信息也很少，但他们可能对营养循环，特别是氮循环，起到显著作用。由于卤水通道栖息环境的空间复杂性，食物网的动态变化与深海海域是截然不同的，包括生物体与内部、表面（如卤水通道，颗粒表面）的依附与联系，以及 EPS 对通道的堵塞，海冰食物网的动态变化仍需开展更多研究。

海冰不仅是污染物的物理存储载体和传输器，也是其化学反应的载体，可导致污染物化学形态的改变，进而影响其环境行为与效应。海冰中光化学过程主要发生在太阳照射时，如积雪表面、冰间水道和融池可强烈吸收太阳辐射，光化学反应也可发生在海冰-大气界面，这取决于海冰厚度、积雪和冰柱结构。海冰中有些污染物可直接进行光化学反应（如氧化汞 $Hg^{2+}$），而有些是与活性组分进行光解的产物，特别是溴爆发事件（bromine explosion events, BEEs）可进一步证明光解作用的发生。极地太阳照射下，活性溴化物（如 Br、BrO、HOBr）含量在海洋边界层快速增加，溴爆发事件发生。这些溴化物与臭氧反应将导致臭氧亏损事件发生，甚至可在边界层观测到臭氧亏损。目前对于导致溴爆发事件发生的机制认识仍然不足，海冰上覆积雪阳光透射层中最可能发生溴爆发事件，从而产生大量溴化物。除此之外，这一过程也可产生大量其他的活性卤代物（如 Cl、I）以及活性氧化物（如 $O_3$、$H_2O_2$、·OH、$NO_x$）。

光解作用产生的活性卤代物、活性氧化物、随之发生的臭氧亏损，能够显著改变北极海洋边界层的氧化条件，并影响多种有机污染物和无机污染物的化学转化过程。例如，对流层中气态元素汞的氧化能力通常很低，可使其进行长距离传输。溴爆发事件发生时，气态元素汞被活性溴化物氧化，生成氧化汞，并通过干湿沉降过程快速从大气中清除，该过程就是臭氧亏损及溴爆发导致的大气汞亏损事件。大气汞亏损事件是大气中气态汞沉降到海冰表面的快速而有效的机制，一旦沉降到积雪中，氧化汞就会经历快速的光化学反应，部分氧化汞再挥发进入大气中形成元素汞。同样，许多有机污染物可与雪冰中氧化物进行反应，海冰表层部分芳香族化合物的光解作用与在海水中的动力学过程相似，而纯水或淡水冰表层与液态水表面的光化学反应速率和产物均不同。例如，两种有机氯持久性有机污染物（艾氏剂和狄氏剂）和多种多环芳烃的光化学降解在冻结的水溶液中速率更快，这可能是由准液层中的污染物在冰面富集所导致，这一过程中的异质反应比同质反应具有更快的动力学特征。对于多环芳烃而言，海冰表面增强的光解动力学可能是由于太阳辐射吸收增加所导致，因为芳香族物质在冰表面可发生广泛的自缔合作用，导致其吸收光谱发生红移。

在春季海冰消融期，由于异养活动和脱氧冰晶的融化，底部冰层可能产生氧气耗竭，为厌氧过程（如反硝化作用）创造有利条件。这种季节性的海冰厌氧过程的出现，使海水表面的污染物无氧转化成为可能。例如，无机汞的甲基化过程是汞元素生物地球化学的关键过程之一，这一变化主要由硫酸盐或铁还原细菌导致。尽管到目前为止还没有在海冰中发现这些细菌，但最近在多年冰的中下层发现了夏季消融期甲基汞浓度的升高，这表明微生物作用使得海冰中汞的甲基化成为可能。海冰融化后，海冰中的污染物会释放到海洋表面。尽管总体通量不是很大，但是因为融化期与海洋表层最大初级生产力的时期相吻合，使得这个过程成为污染物进入海洋食物链的重要途径。沉积在冰雪融化颗粒上的污染物可被底栖生物吸收，而早在冰融化之前，冰内相关的群落内也会发生污染物的生物摄取。海冰卤水中的污染物因冻结析出而含量很高，可直接被海冰相关的生物群吸收，如微生物群落、冰藻或冰下端足类动物等。此外，依赖海冰进行栖息、觅食或繁殖的鱼类、海豹、北极熊和鸟类等生物也将暴露于这些污染物之中，尤其是海冰藻类在季节性海冰覆盖海域贡献了年初级生产力的 10%～60%。例如冰藻类群落对波弗特海季节性海中汞具有生物富集作用，海冰底部汞的浓度范围为 4～22 μg/g（干重），并受到春季繁殖期开始时可吸收汞的数量的限制，冰藻中的汞来源于卤水和海水的结合物，而大气汞亏损事件对此没有明显的贡献。

## 5.2.2　海冰的生物地球化学过程

海冰生态系统组成包括分解者、初级生产者、初级消费者和冰下食草动物群。在海冰内部形成了微生物赖以生存的不同温度、盐度和营养盐浓度的微生环境。在海冰中的微生物群落，包括游离病毒、细菌、自养藻（硅藻和自养鞭毛藻）和原生动物（异养鞭毛藻、纤毛虫），对全球能量平衡和极区海-气相互作用有着重大的影响。除细菌、病毒和生产者外，还存在初级消费者——小型异养生物，如纤毛虫、鞭毛虫、变形虫等（图5-7）。海冰原生动物群落的空间变化受冰中藻类组合变化的影响，而后者又受到风驱动的冰层平流的影响。异养原生生物通常反映这些空间分布，或对初级生产者和细菌丰度的增加或减少表现出滞后反应。当初级生产力和有机物浓度增加，春季和初夏大量的光养营养物质导致细菌丰度增加。随着细菌和藻类增殖和温度升高，夏季异养的原始丰度增加。海冰异养和光养物种的相对丰度相差不大，但这种关系具有季节性特征。光养和异养微生物生物量比例的季节性变化也是极地生态系统典型组合。海冰中的光养和异养原生质体（每体积融化海冰的细胞数）的绝对丰度通常比海水中（每单位海水的细胞数）高数倍。

冰下食草动物群是指生存于盐水通道系统和冰水边界层（以下称为"冰下动物群"）的后生动物群落，包括藻类食草动物以外的类群。冰-水界面为食草动物提供了高度可变和异质的栖息地。在冰下栖息地中，由于冰漂移和摩擦而不断演化形成的海冰压力脊，提供了栖息空间，包括鱼类在内的较大生物可以躲避掠食性鸟类。轮虫和线虫在北极海冰中常见，而桡足类在南极海冰中丰度较高。冰下食草动物的定义和多样性因海水包含程度而异，但物种丰富度通常高于冰内物种，其中有片脚类、栉水母、翼足类、大型桡足类等食草动物直接或者间接与海冰相连。到目前为止，北极海冰记录了 8 种轮虫，其中三角轮虫最为常见。北极线虫丰度较高，最高峰值丰度超过 200000 个/m³。此外，多种原生动物能够在极地温度下存活和生长，但大多数海冰原生动物在面对温度变化时不会保持恒定的生理速率。例如，南极纤毛虫低温下的生长速度远远低于高温下的生长速度，同时低温也会大大降低南极变形虫的生长速度。

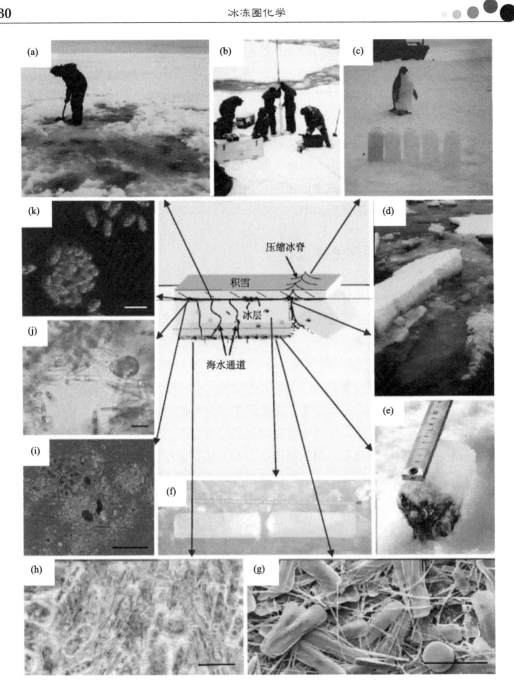

图 5-7　海冰微生境的示意图以及这些微生境的宏观表现和主要类群（改自 Meiners and Michel, 2017）

（a）去除积雪后南极冰层上盐水通道顶部的微生物（彩色斑块）密集组合；（b）收集冰芯样本；（c）通过脊部压缩收集的海冰融水和渗透海水混合物样品；（d）冰雪融水微生境的密集色微生物群落；（e）南极陆地冰芯底部的硅藻及相关细菌和原生动物的密集群落；（f）显示低微生物生物量冰芯；（g）南极海冰底部硅藻的扫描电子显微照片和（h）透射光显微照片；（i）光学显微镜下不同融水微生境中的优势种。这些群落可能含有大量的光养和异养群体（细菌和原生动物）和碎片，（j）硅藻或（k）光养型甲藻占主导地位；（i）和（k）中的红色是由光养营养物质（主要是甲藻）的叶绿素荧光所引起

### 5.2.3　海底多年冻土的生物地球化学过程

　　海底多年冻土指分布于南极、北极大陆架海床的多年冻土。冰期或末次冰盛期时，海平面比现在要低 100 多米。因此，极地海洋沿岸地区的大陆架直接暴露于当时的大气中，陆源物质的搬运与沉积发育了陆地多年冻土。而随着全球温度上升，特别是极区冰冻圈（两极冰盖、山地冰川、海冰、河湖冰）的加速融化，使得海平面上升后，原来分布在极地海洋沿岸地区的多年冻土被海水淹没，位于海床之下，下伏于寒冷和含盐度高的海洋，成为海底多年冻土。海底多年冻土与陆地多年冻土有很大区别，主要是其具有残余性、相对温暖的环境、一直处于退化状态以及对气候的响应更加滞后等特点。

　　海底多年冻土的发育、分布和特征很大程度上取决于所处的海洋环境及其过程，主要影响因素有：①地质地貌条件。包括地热通量、大陆架地形、沉积物和岩性、地质构造、冰冻圈发育历史以及海平面变化等；②气候。主要是形成时和后期的气温；③海洋学特征。包括海水温度、盐度、洋流、潮汐、上覆海冰状况等；④水文条件。如入海淡水径流。一般情况下，海底多年冻土以距海岸远近及是否在海冰区而划分为 5 个区（图 5-8），分别是岸区（陆地区域）、海滨区、上覆海洋常年受海冰影响且海冰冻结至底床的区域、海冰底部洋流受到限制且海水盐度较大的区域，以及开阔洋区。

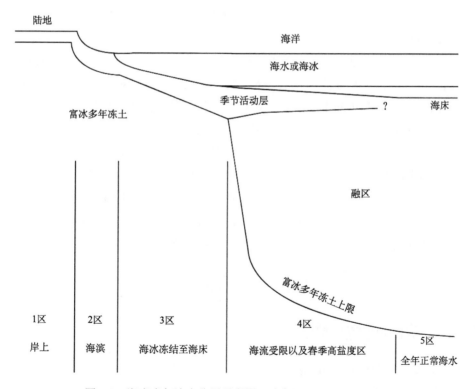

图 5-8　海底多年冻土分区示意图（改自 Osterkamp, 2001）

海底多年冻土的生物地球化学过程与陆地多年冻土的生物地球化学过程基本原理相同。但处于海底冻土厌氧和高压环境，其沉积物分解的微生物过程有所差异。一般情况下，海洋沉积物中的 $CH_4$ 主要通过裂解产生，在海洋中较高的温度和较大深度环境中，微生物可将复杂的有机分子转化为 $CH_4$。而在相对低的温度下（＜10℃）和中等压力（＞3～5 MPa），约相当于水深和沉积 300～500 m 的条件下，如在北极大陆斜坡和更远的地方，$CH_4$ 能与水结合形成甲烷水合物，即通常所说的可燃冰。在这个深度以下，在沉积物中产生的 $CH_4$ 可通过底泥的裂缝直接进入上层海水，并最终进入大气。2008 年在北极浅海已经观测到 $CH_4$ 气泡发生区有 250 多个，这一现象至少部分是由该地区过去 30 年底部水域变暖和水温的季节性变化引起的，未来从海底大陆斜坡和陆架地区释放的 $CH_4$ 通量可能增加。在过去几十年中大气 $CH_4$ 浓度明显升高，而北极海底冻土 $CH_4$ 排放增加可能具有重要的贡献。在沉积物中 $CH_4$ 的厌氧氧化作用可减少其向大气的输入，但如果 $CH_4$ 通量增加，这一作用将不足以消耗所有的 $CH_4$。可燃冰和多年冻土可以看作是海底保存 $CH_4$ 的介质和阻止其进入大气的屏障。但随着海底温度的升高和多年冻土的退化，这一屏障作用将会逐渐减弱，从而使进入海水的 $CH_4$ 气泡迅速到达海面并进入大气。如果气泡体积非常小，或者产生气泡的海底很深，或者海水的不同深度非常稳定，部分 $CH_4$ 可被好氧菌氧化为 $CO_2$。大量的淡水被环北极的河流向北极陆架浅海的输入能增加不同层位海水的稳定性并抑制 $CH_4$ 气体向地表的传输。另外，夏季海冰的加速消融又会增加海面的风速，这将导致海洋和大气 $CH_4$ 交换的增加。因此，在海底多年冻土的季节性融化过程中，$CH_4$ 的通量会有所升高。

　　海底冻土的碳循环过程是当前气候变暖条件下的国际科学热点，目前对海底多年冻土的分布、机理、转化和预估都缺乏深入了解，进而影响海底冻土的生物地球化学过程研究。目前关于海底多年冻土的研究主要有以下几个科学问题需要探讨：①缺少海底多年冻土的精确分布。关于海底冻土分布主要基于热模型模拟结果，北冰洋浅海陆架区是世界上最大的海底多年冻土分布区和主要碳储存区，但是目前仍没有获得该区域高精度海底冻土分布图。②海底多年冻土碳的赋存条件和储量未知，由于缺少海底多年冻土沉积层及甲烷水合物的基本数据，导致难以评估海底多年冻土碳储量。③难以评估海底多年冻土碳库的气候效应，由于海底多年冻土碳储量及微生物参与的生物地球化学过程未知，难以模拟预估不同情景下海底多年冻土碳的释放形式和数量。

# 5.3　大气冰冻圈

## 5.3.1　大气冰冻圈微生物

### 1. 大气冰冻圈细菌气溶胶

生物气溶胶是那些具有生命的气溶胶粒子（包括细菌、真菌、病毒等微生物粒子）

和活性粒子（花粉、孢子等）以及由有生命活性的机体所释放到空气中的碎片（蛋白质晶体等）的统称，粒径范围从几十纳米到几个微米。据估计，全球每年大于一微米的生物气溶胶的排放量约为 56Tg。其中，丁香假单胞菌（*Pseudomonas syringae*）具有高效的催化成核作用。同时，其他相关的生物气溶胶（如细菌、真菌、花粉）的化学异质性对其在大气中成为云凝结核或冰核的活性能力的影响机制和由此所产生的气候效应受到了越来越多的关注。

细菌在空气中以气溶胶的形成存在，单个细菌的直径一般为 0.3～10μm，与其他气溶胶成分结合后的细菌气溶胶粒径范围为 0.3～100μm，细菌与其他颗粒的结合能保护它们免于环境压力，更有利于保持可培养性。细菌气溶胶的来源多种多样，包括土壤、水和植物表面等，并以气溶胶颗粒的形式进入大气。

细菌可分布在海拔非常高的地方，比如已经在大气平流层和中间层检测到了微生物有机体的存在。细菌的排放机制有主动和被动之分，即病菌携带物体（如畜舍或人类）的释放与喷发（喷嚏）和细菌库源的气象过程所引发的被动机制。后者如风和机械扰动使得植被和土壤表面的细菌被驱动而悬浮；水体表面浪花飞溅所致的气泡膜破裂均可导致细菌气溶胶的产生和排放。不同的点源与面源（如建筑场地和植被或水域）所排放的细菌量有显著差别。比如陆地上空大气中细菌的平均浓度至少约在 1 cells/m³ 以上，而由于海洋上空非常洁净，平均浓度可能要比陆地低约 100~1000 倍，最低的浓度仅 10 cells/m³。总体上说，源地的细菌背景丰度和增殖速率影响细菌气溶胶的释放通量。大气中的细菌浓度依赖于细菌在不同界面间的输送量。细菌一旦进入空气，会被气流携带而上升，在大气中可停留许多天并被长距离输送，大气中细菌细胞的平均停留时间可达一周。细菌粒径是影响细菌在大气中停留时间的关键因素。

### 2. 冰核细菌气溶胶

1957 年法国气象学家 Soulage 在云室实验测试中首次发现了霉菌孢子可以成为冰晶的核心，之后 Fresh 从腐烂的薄叶恺木（*Alnus tenuifolia Nutt.*）叶上分离到一种冰核活性很强（−5～−2.5℃）的细菌，经鉴定属于 *Pseudomonas*（假单胞菌）属，之后陆续从许多植物如山杨、柳树和枫树的叶子中，甚至高山的湖水中，溪流和雪水中都分离出了能产生冰核的微生物。冰核活性细菌（简称 INA 细菌或冰核细菌）被定义为"可以在−10℃以上较温暖的温度条件下催化液滴产生冰核的细菌"。从此，生物冰核尤其是冰核细菌开始成为一个研究领域，许多国家不同学科研究者开展了深入的基础理论和应用研究，在生物冰核的种类，影响成冰活性的因素，冰核细菌的生物学、形态学和分子生物学及其应用等方面取得了较大的进展。

在数以千计的与植物有关的已知细菌菌种中，目前普遍被认为具有高效冰核核化能力的细菌仅有 6 种，而且这些冰核细菌全是革兰氏（Gram）阴性细菌，分别是假单胞菌属、欧文氏菌属（*Erwinia*）和黄单胞菌属（*Xanthomonas*）。它们也是植物的致病菌或寄生物，其中最主要的是 *Pseudomonas syringae* 和 *Erwinia herbicola*，是广泛分布在世界各地的植物附生细菌。而 *P.syringae* 则被公认为是冰核活性最强的菌种，它可在-2℃冻结。中国 INA 细菌的优势种是 *P.syringae* 和 *Eananas*。*P.syringae* 在我国也是分布最广和冰核活性最强的 INA 细菌。

由于冰核细菌的冰核活性和冻结温度在相对较大范围内随机变化，在已知的冰核细菌种的细胞菌群中，其核化活性温度范围在-14～-2℃。依据冻结温度可将冰核细菌分为 3 种类型：一型冰核细菌（Type I），在-5～-2℃有冰核活性，此类冰核细菌活性是最强的；二型冰核细菌（Type II），在-7～-5℃有冰核活性；三型冰核细菌（Type III），在-10～-7℃有活性，冰核活性最弱。另外一个划分标准是将在-3℃时产生一个冰核所需的细菌浓度数将细菌的冰核活性划分为 4 个等级：特强（$10^2$ 细菌/冰核）、强（$10^3$～$10^4$ 细菌/冰核）、中（$10^5$～$10^6$ 细菌/冰核）、弱（$10^7$ 以上细菌/冰核）。

随着分子生物学技术的迅速发展，自 20 世纪 80 年代中期运用分子生物学技术对冰核细菌的模式菌 *P. syringae* 的高效冰核活性的机理进行了深入的研究。通过克隆技术将 *P. syringae* 的高效冰核活性在大肠杆菌中得到表达，从而明确了冰核细菌的催化核化特性的基础是冰核基因表达的冰核蛋白的存在所致。冰核蛋白是一种附着于细菌细胞膜上的糖脂蛋白复合物。在已发现的冰核细菌中，其成冰基因多数已被克隆到大肠杆菌（*Escherichia coli*）并可大量表达，而且所克隆的基因赋予了宿主和原菌株相同的成冰核活性。基因 DNA 测序分析结果也显示：冰核细菌的冰核基因是同源基因单基因 *inaZ*。其所编码的冰核蛋白结构保守，其氨基末端和羧基末端各具有独特的序列区（分别占总序列的 15%和 4%），蛋白的其余部分由一中央串联重复结构组成，重复结构具有 8、16 及 48 氨基酸序列重复。冰核蛋白的这种重复可能是促使水分子排列成冰网格发生核化的模板。

## 5.3.2　大气冰冻圈化学过程

大气冰冻圈中生物地球化学过程相比于陆地和海洋生态系统要简单，由于其温度极低，几乎没有微生物活动参与，因此主要是大气化学过程。冰核中还有不同化学组分的凝结核和过冷水，因此冰核界面化学过程研究相对较多。研究人员发现，在春季南极洲高层大气中的臭氧损耗通常都在 50%左右，在某些地区臭氧损耗会超过 90%甚至接近 99%。随后，直接观测资料及卫星资料均证明了春季南极地区的臭氧总量会迅速降低，出现一个低于全球平均臭氧总量 30%～40%的闭合低值区，即臭氧层空洞。20 世纪 70 年代研究人员提出氟氯烃类人造物质会在平流层造成臭氧层破坏的假说，大量研究结果也证实了这一假说。由于氟氯烃、溴化烃等污染物质在低层大气中性质十分稳定，因此可以在大气中滞留很长时间，在其滞留期间，大气的垂直环流作用会将这些物质从较低的对流层传输到更高的平流层，平流层更强的紫外辐射使得这些在低层大气中很稳定的物质被活性化，能够与臭氧发生反应，因此加速了臭氧的分解，使得臭氧浓度降低。例如，氟氯烃在紫外辐射照射下能够产生氯游离基 Cl·，氯游离基与臭氧分子 $O_3$ 作用生成氧化氯游离基 ClO·，ClO· 又会与臭氧分子 $O_3$ 作用生成氯游离基 Cl·，如此，氯游离基会不断地分解和生成，不断与臭氧分子作用使其分解。反应式如下：

$$CFCl_3 \rightarrow CFCl_2· + Cl·$$
$$Cl· + O_3 \rightarrow ClO· + O_2$$
$$ClO· + O_3 \rightarrow Cl· + 2O_2$$

这种反应能够消耗平流层中的臭氧，使得到达地面的紫外辐射增加，从而给生态环境和人类健康带来巨大的负面影响。

　　通常自 5 月中下旬开始，一直持续到 10 月，在南极地区能观测到大量的冰晶云。冰晶云面积呈现较为显著的季节变化特征，最大值出现在涡旋最强和温度最低的 7 月和 8 月，自 9 月冰晶云面积迅速减小，到 10 月接近消失。从不同年份间对比来看，冰晶云覆盖面积的年际变化较为明显，这主要是因为冰晶云受多种动力过程包括温度结构、涡旋稳定性、地形分布，以及对流层强迫事件等影响。由于北半球的下垫面更不规则，北极涡旋往往较弱和多变，比南极涡旋更为温暖，这些因素都能中断甚至破坏冬季涡旋。因此，北极地区检测到的冰晶云较少，主要出现于 12 月至次年 3 月，且年际变化更为明显。总体来说，南极涡旋更适宜冰晶云的产生，南极冰晶云存在的时间更久且季节变化更为明显，其范围和含量约为北极冰晶云的 14 倍。而且南极和北极冰晶云的组成也存在最大差异，如南极冰晶云中的冰含量约为 25%，而北极仅为 5%。

　　冰晶云主要由 $HNO_3/H_2SO_4/H_2O$ 过冷液滴、硝酸三水合物晶体或冰水颗粒物组成，可以为大气冰冻圈中多种化学过程提供反应界面和物质，因此对臭氧的损耗具有重要影响。通过各种化学反应，HCl 和 $ClONO_2$ 可被转换为氯游离基，直接造成臭氧的分解；臭氧分解的速度主要取决于液滴的表面密度和组成。冰晶云中累积的硝酸三水合物晶体能够通过反硝化作用永久去除 $HNO_3$，也可造成臭氧损耗。而且，冰核界面化学过程能显著加速和加强该化学过程。例如，在南极地区每年的 4～10 月即冬春两季会盛行很强的南极涡旋，这会导致冷气团被阻塞在南极长达几周，使得平流层温度持续降低至−78℃以下，而在温度低于−78℃时，将形成能够为氟氯烃、溴化烃等提供反应界面的平流层冰晶云或液态硫酸气溶胶，加速臭氧的分解。相比之下，由于南北极地区的热动力过程的差异，北极地区虽然也存在氟氯烃等污染物，出现臭氧的损耗现象，但并不会出现南极平流层的长时间低温。目前，大多数研究均认为，春季南极臭氧层空洞的出现是大气动力与大气化学共同作用的结果。平流层中存在的氟氯烃、溴化烃等人类污染物和南极涡旋引起的长时间低温的共同作用才是导致南极臭氧层损耗的罪魁祸首。

## 思 考 题

1. 试述陆地冰冻圈中主要包括哪些生物地球化学过程。
2. 简述气候变暖背景下多年冻土碳循环与气候变化的反馈过程。

# 第6章 近代人类活动的冰冻圈化学记录

人类活动对气候和环境产生重要影响。冰冻圈区域环境介质中的化学组分可以提供历史时期的气候环境信息，对于理解人类活动对大气环境的影响过程和程度以及预测未来的大气环境变化极其重要。为尽量避免与《冰冻圈气候环境记录》分册内容重复，本章侧重介绍自工业革命以来冰冻圈化学组分的变化历史。冰冻圈地区的化学成分记录主要来自冰芯和湖芯沉积物，所记录的化学组分包括可溶性离子、重金属、黑碳和有机污染物等。通过对不同化学成分历史变化的重建，分析其环境意义，阐明其在历史变化过程中受人类活动的影响程度等。

## 6.1 可溶性离子

### 6.1.1 南极和北极

大气气溶胶从中低纬人类活动密集地区经由大气环流传输至两极地区，进而以核化清除、云下湿清除以及干沉降等方式沉降到雪冰表面。极地雪冰中的主要离子有自然和人为成因的多种来源，包括直接排放到大气中的原生气溶胶，以及前体物在大气中发生化学反应生成的次生气溶胶。一般而言，除海盐离子（如 $Na^+$、$Cl^-$）外，局地源对南极与格陵兰冰盖雪冰化学组成影响较小，大多数为远源长距离输送。如 $Ca^{2+}$ 主要为陆地来源；火山喷发会排放大量的 $Cl^-$ 和 $F^-$；$SO_4^{2-}$ 有多种来源，包括海盐、粉尘、火山喷发释放的 $SO_2$、生物圈及化石燃料燃烧生成物；而 $NO_3^-$ 的来源主要有生物质燃烧、土壤、高层大气的光化学过程、人类工农业生产活动排放及闪电等；$NH_4^+$ 浓度高出自然本底值的部分主要为人类工农业生产活动及生物质燃烧所致。

19 世纪末期以来，人类工业化过程中化石燃料使用所排放的 $SO_2$ 和 $NO_x$（$NO+NO_2$）成为格陵兰、北极加拿大地区、斯瓦尔巴德以及欧洲阿尔卑斯山等地 $SO_4^{2-}$ 和 $NO_3^-$ 的主要来源之一。格陵兰南部冰芯记录的 $SO_4^{2-}$ 和 $NO_3^-$ 在 20 世纪 70 年代前的 $50\sim100$ 年间呈显著增长趋势。对比格陵兰北部、中部和南部 5 支冰芯所记录的 1600 年以来 $SO_4^{2-}$ 和

$NO_3^-$ 浓度变化（图 6-1），亦得出同样的结论。人为源 $SO_4^{2-}$ 浓度大约在 1890 年开始增加，1930 年代有短暂降低，1950 年后快速增长直至 1970 年代晚期，格陵兰冰芯中 $SO_4^{2-}$ 浓度开始降低；而 $NO_3^-$ 含量自 1950 年以来呈稳定增长趋势，仅在 20 世纪末期略有降低。与人类活动排放的 $SO_2$ 和 $NO_x$ 对比，$SO_4^{2-}$ 自 1950 年以来的增长主要源自欧亚大陆，但 20 世纪上半叶主要受北美排放的控制；但 $NO_3^-$ 在整个 20 世纪均表现出明显的北美来源。尽管全新世和末次冰期最盛期（LGM）气候（温度和雪积累率）和大气化学（$Ca^{2+}$ 浓度）的变化对冰芯中 $NO_3^-$ 的保存有很强的影响，但目前还没有确切的证据证明人类活动对南极冰盖中 $SO_4^{2-}$ 和 $NO_3^-$ 产生影响。

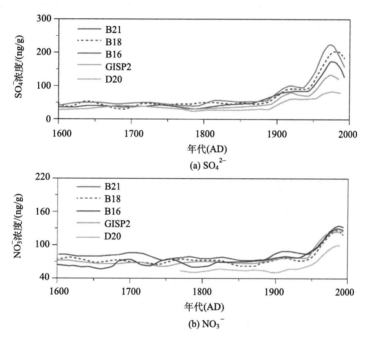

图 6-1　北极格陵兰 5 支冰芯中 $SO_4^{2-}$ 浓度和 $NO_3^-$ 浓度的历史记录（改自 Fischer et al., 1998）

冰芯中的 $NH_4^+$ 主要来自植被、土壤、动物、细菌分解、生物质燃烧（森林和草地的大火）及海洋等以气态 $NH_3$ 形式的生物排放。北半球高纬度地区，降水中含有大量的 $NH_4^+$，因而冰芯中的 $NH_4^+$ 序列可用于恢复北半球地区的森林大火事件。格陵兰冰芯中长时间尺度的 $NH_4^+$ 浓度主要与大陆的土壤生物排放有关。其中，GISP2 冰芯中 $NH_4^+$ 浓度研究则指出，在过去的 11 万年，地球轨道参数和冰盖体积对陆地的生物 $NH_3$ 排放有很大影响。GRIP 深冰芯记录了一个冰期–间冰期循环的 $NH_4^+$ 浓度变化，指出工业革命以前生物质燃烧是主要的 $NH_3$ 排放源，全新世时期对格陵兰冰盖中部的 $NH_4^+$ 沉降贡献占 10%～40%；新仙女木期 $NH_4^+$ 浓度较高，说明该段时期北美大陆没有寒冷事件发生。尽管冰芯中未发现来自人类活动相关的 $NH_4^+$ 浓度增长趋势，但是自 1950 年以来的春季 $NH_4^+$ 浓度增大了一倍。

## 6.1.2　中低纬度地区

中低纬度高山区分布着大量山地冰川，且其邻近人类活动的密集区，该地区钻取的冰芯能够提供高分辨率、多参数、多尺度的历史时期气候环境记录，可以揭示工业革命前后中低纬度地区的气候环境变化特征及其与南极、北极记录间的差异与联系。

阿尔卑斯山脉周边被人口稠密和工业化高度发达的国家所围绕，为研究人类活动排放对欧洲大气环境的影响提供了理想区域。该地区冰芯记录的 $SO_4^{2-}$ 浓度在 1760～1870 年保持稳定的水平，1870 年后呈升高的趋势，1970～1985 年达到最高值，随后开始下降（图 6-2）。勃朗峰（Mont Blanc）Col du Dôme 冰芯中记录的 1980 年夏季 $SO_4^{2-}$ 浓度为工业革命前夏季平均浓度的 10 倍，而冬季为工业革命前的 4 倍。工业革命前矿物粉尘是 $SO_4^{2-}$ 的主要来源，其次为火山活动或生物质燃烧排放产生的 $SO_2$。若以 $Na^+$ 和 $Ca^{2+}$ 分别作为海盐和矿物粉尘源组分的示踪指标，则冰芯中 $SO_4^{2-}$ 浓度的升高趋势主要归因于人类活动排放 $SO_2$ 的增加，而非自然源贡献的增长。1963～1981 年，人类源的 $SO_4^{2-}$ 约占总 $SO_4^{2-}$ 载荷的 80%。为确定阿尔卑斯山高海拔冰芯记录中 $SO_4^{2-}$ 的可能源区，将 $SO_4^{2-}$ 的夏季浓度和冬季浓度序列与欧洲不同地区 $SO_2$ 排放清单相比较，认为勃朗峰地区夏季 $SO_4^{2-}$ 的主要来源为 700～1000 km 区域范围内的法国、西班牙、意大利、瑞士，而由于气团传输路径的影响，英国、比利时和联邦德国的部分地区仅有微弱的贡献；冬季 $SO_4^{2-}$ 记录代表的是自由对流层空气质量，来源于整个欧洲乃至美国的大范围大气污染物。

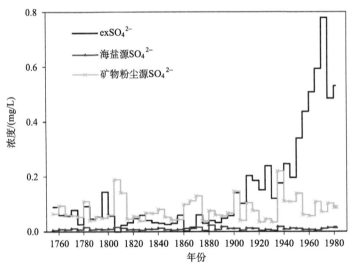

图 6-2　阿尔卑斯山罗莎峰 Colle Gnifetti 冰芯中 $exSO_4^{2-}$、海盐源 $SO_4^{2-}$、矿物粉尘源 $SO_4^{2-}$ 的 5 年平均浓度值（改自 Schwikowski et al., 1999）

$NO_3^-$ 是 $NO_x$ 的最终产物，冰芯记录的 $NO_3^-$ 从 1930～1965 年呈指数增长趋势。1930 年前阿尔卑斯冰芯中 $NO_3^-$ 浓度保持稳定的水平，1965～1981 年间达到最大，因此，$NO_3^-$

的浓度变化反映了交通排放的增长。勃朗峰 Col du Dôme 冰芯中 1960～1980 年夏季 $NO_3^-$
浓度的增长与西欧四国（法国、意大利、西班牙、瑞士）的 $NO_x$ 总排放趋势同步，而 1980
年以后夏季 $NO_3^-$ 浓度仍呈微弱增长，与 $NO_x$ 总排放在 1993 年以后呈减少趋势不一致，
最近 15～20 年来阿尔卑斯山地区降水中的 $NO_3^-$ 浓度没有明显的变化；冰芯中冬季 $NO_3^-$
浓度水平较低，且增长缓慢，与整个欧洲对流层较轻的空气污染相对应。$NH_3$ 作为欧洲
地区大气的主要碱性气体，可中和降水中 70%的酸，且参与 $SO_2$ 和 $NO_x$ 向气溶胶相的转
化。罗莎峰（Monte Rosa）的 Colle Gnifetti 冰芯中高分辨率的 $NH_4^+$ 记录表明 1880～1980
年 $NH_4^+$ 浓度增至 3 倍，揭示了 20 世纪欧洲 $NH_3$ 排放的显著增加。

　　青藏高原地区的冰川不仅是气候变化的敏感指示物，也是大气演化过程的自然档案
馆。该地区冰川表面的消融对雪冰中各离子浓度季节变化影响显著。雪冰中 $Cl^-$、$NO_3^-$
和 $NH_4^+$ 易受大气中 $HCl$、$HNO_3$ 和 $NH_3$ 等气体的影响。高原南部喜马拉雅山脉达索普冰
芯中 $SO_4^{2-}$ 浓度在 1870 年前较低且保持稳定的水平，其后开始增加并在 1940 年后呈快
速增长趋势，这种变化与南亚地区能源消耗所排放的 $SO_2$ 增长趋势一致。珠峰地区远东
绒布冰芯中 $C_2O_4^{2-}$ 浓度自 20 世纪初以来呈现出增长趋势，尤其 50～80 年代的高浓度值，
可能源于工业活动的排放；90 年代以后，全球工业污染排放的控制及排放草酸盐污染物
工厂的关闭，是冰芯中 $C_2O_4^{2-}$ 浓度降低的主要原因。珠峰东绒布冰芯 $SO_4^{2-}$ 和 $NO_3^-$ 浓度
在 40～80 年代显著增长，而且东绒布冰芯的 $SO_4^{2-}$ 浓度约为达索普冰芯的 2 倍，这主要
由于当地人类活动所致。东绒布冰芯 1940 年以来 $NH_4^+$ 浓度的增长，反映了南亚地区由
于人口增长导致的农业活动增强，这亦与增强的大气酸性、冬季蒙古高压和夏季蒙古低
压、以及印度次大陆的温度有关联。

　　高原西北部的慕士塔格冰芯所记录的粉尘事件主要源于上风向的中亚及伊朗−阿富
汗地区，冰芯中人类活动排放所产生的次生气溶胶组分 $SO_4^{2-}$ 和 $NO_3^-$ 在 20 世纪 70 年代
中期前基本被粉尘信号所掩盖，但其后 $SO_4^{2-}$ 和 $NO_3^-$ 浓度的变化趋势明显超过粉尘的影
响，凸显出中亚地区人类活动排放的影响增强。此外，慕士塔格冰芯的 $NH_4^+$ 浓度变化具
有独特性，未受粉尘输入的影响，1940 年以来 $NH_4^+$ 浓度增长揭示了中亚地区人为活动
排放的增强及 $NH_3$ 排放对气温升高的响应。

# 6.2　重　金　属

## 6.2.1　南极和北极

　　工业革命开始后，人类活动对环境的影响日益剧烈，甚至可影响偏远地区自然大气
本底变化。冰冻圈雪冰重金属记录为我们认识工业革命以来大气污染、评价环境质量提
供了有效途径。冰芯重金属记录研究可追溯至 20 世纪 60 年代中后期，科研人员首次通

过极地雪冰记录发现当时格陵兰冰芯中 Pb 的含量比 2800 a BP 增加了 200 倍，比工业革命前增加近 20 倍，这是人类活动向大气释放 Pb 污染的直接证据，且这种趋势不断被后续工作所证实。科学家区分了 Pb 的自然源和人为源，并认识到人为源排放的 Pb 可随大气传输并造成全球环境污染。随着样品处理技术和测试方法的不断进步发展，雪冰重金属分析测试的数据质量得到显著提高，研究范围也从 Pb 扩展至其他多种重金属元素（如 Cu、Zn、Sr、Cr、Ba 和 Hg 等）。

　　北极及格陵兰地区现代降水中的大多数重金属主要是人为来源。科学家在格陵兰地区通过冰芯恢复了自公元前 800 年直到 1965 年 Pb 浓度的变化历史，后续研究者进一步扩展了时间变化序列，发现早在工业革命之前，人类活动排放的重金属就对大气环境造成了污染。利用格陵兰中部 Summit 冰芯发表了一系列成果，恢复了过去数千年间 Cu、Zn、Cd 和 Pb 的浓度，发现 2500～1700 a BP 期间 Pb 的浓度较 7760 a BP（～0.55 pg/g）增加了约 4 倍，到 471 a BP 前后则增加了 8 倍；同时 Cu 的含量从 2500 a BP 开始超过自然本底变化，这些都表明工业革命前北半球大气已受到人类活动排放的影响，主要与当时的冶金活动有关；Zn 和 Cd 的含量则在 7640～471 a BP 期间没有发生明显变化，主要来源于土壤和岩石粉尘等自然源。格陵兰冰芯中 Pb 的含量在 20 世纪 70 年代达到峰值（图 6-3），而这一时期人类大量使用加铅汽油，大气 Pb 污染最为严重，两者之间有显著的相关关系。从 1970 年开始，雪冰中 Pb 含量呈下降趋势，同一时期的 Cd 和 Zn 也有同

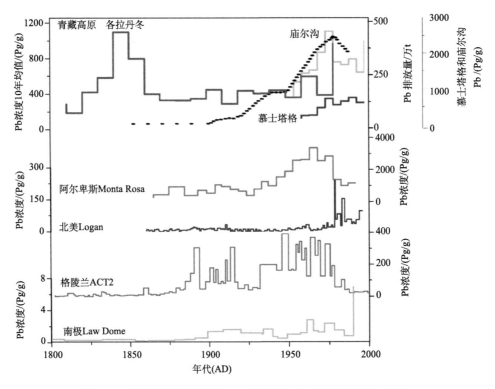

图 6-3　全球不同地区冰芯中 Pb 的历史记录（改自张玉兰，2014）

样的下降趋势，反映了欧洲和北美汽油使用的历史进程。格陵兰中部 Summit 冰芯重建的 1773～1992 年 Pb、Zn、Cd 和 Cu 的时间序列，同样证实了大气重金属沉降自 1970 年以后出现下降的趋势。

尽管格陵兰 Pb 的高含量是北半球的工业污染所致，南极冰盖的 Pb 含量低则与远离北半球、南极辐合带的屏障作用及局地污染轻微有关。南极的 Law Dome 冰芯记录的 Pb 含量在 1884 年之前处于自然背景值，之后人类活动来源增多，$^{206}Pb/^{207}Pb$ 比率降低，并记录到 1900～1910 年和 1960～1980 年出现的两个高污染时期。20 世纪中后期 Pb 浓度的快速升高与南半球含铅汽油的大量使用有关。其他重金属如 Zn 和 Cd 在工业革命后的近百年来未发生较大变化，而 Cu 的浓度在 20 世纪 70 年代后期和 80 年代出现了明显增加，主要与南半球一些国家如智利的冶金工业排放有关。1989 年横穿南极表层雪样品中 Pb 空间分布显示出 Pb 浓度较以前有所升高，自西向东有升高趋势，南极东部表层雪中 Pb 浓度比拉森（Larsen）冰架和南极半岛高出 2～3 倍，可能主要是由人类探险活动燃烧汽油排放所致。

近年来，极地冰芯在具有明显环境指示意义的重金属研究上也取得了新的进展，其中以对 Sb（锑）的研究最为突出。北极 Devon 岛冰芯和雪坑 Sb 和 Sc（钪）的含量研究表明，作为陆源指示元素的 Sc 浓度在过去 160 年里一直保持稳定，而 Sb 的自然来源极低，可忽略不计，因而是人类排放污染物的良好指示元素；冰芯中 Sb 的变化很好地反映了人类工业化进程，以及二战后的经济迅速增长和近年来烟道除尘等环保技术的实施；雪坑和冰芯分析结果显示，北极大气中 Sb 的富集在过去的 30 年里上升了 50%，其中 2/3 是在冬季沉降的。由于国际上逐渐停止使用含铅汽油，大气 Pb 的浓度逐渐降低；而与之相反，大气中 Sb 的富集愈发显著，目前已经超过了 Pb。考虑到 Sb 的毒性和 Pb 相似，如今 Sb 已经取代 Pb 成为北极大气中重要的潜在毒性痕量金属。

值得注意的是，与其他重金属不同，Hg 是唯一以气态形式存在于大气中的重金属，可随大气环流进行全球传输，是目前国际公认的全球污染物。开展长时间尺度的 Hg 的大气循环与源区定量分析研究，是评估区域乃至全球人类活动 Hg 释放对环境影响的关键。Hg 在大气中的停留时间可长达 0.5～2 年，这使其有足够的时间参与全球大气循环，最终通过水-气等界面间交换、大气干湿沉降过程进入地表冰雪和湖泊等介质或其他生态系统。目前，历史时期 Hg 记录的重建主要通过湖芯、冰芯等进行恢复。其中，冰芯中 Hg 的长时间记录则更多的反映了大气 Hg 的历史变化特征。例如，格陵兰 Summit 冰芯粒雪隙中气态单质汞（GEM）自二战以来呈快速增加趋势，其含量从～1.5 ng/m$^3$ 增加至 1970 年的～3 ng/m$^3$，而后至 1995 年维持在～1.7 ng/m$^3$，表明人类活动排放的 Hg 已经导致北半球大气中 GEM 含量比 1970 年之前增加约两倍。格陵兰 NEEM 冰芯总 Hg 浓度范围从小于 1 pg/g 到 120.6 pg/g，其中 1991～2000 年 Hg 浓度较工业革命前增加 3.5 倍（图 6-4）。南极 Dome C 冰芯恢复了南极地区 34000 a BP 以来 Hg 的历史记录，发现在末次冰盛期 Hg 的浓度约是全新世的 6 倍。该冰芯冷期 Hg 含量高且与大气粉尘通量高值期相对应，这可能与冷期大气 Hg 被海盐来源的卤素物质的氧化作用增强、进而与矿物粉尘物质结合沉降于冰川表面有关，该过程致使南极大气 Hg 出现亏损，即在冷期极地地区更多的扮演着全球大气 Hg 的汇的角色。同时，Dome C 冰芯 Hg 沉降通量在末次冰盛期最高，为 3.8 pg/（cm² · a），约为全新世 Hg 沉降通量的 3.5 倍，该变化可能主要受到 Hg 的自然排放影响。

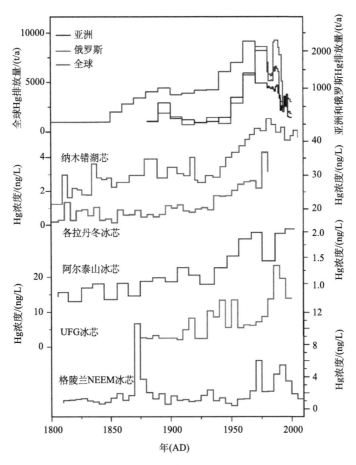

图 6-4　不同区域冰芯和湖芯中 Hg 浓度的历史记录以及 Hg 的排放历史（改自 Kang et al., 2016）

## 6.2.2　中低纬度地区

与极地地区相比，位于中低纬度的山地冰川距离人类活动密集区更近，因此重金属记录更能反映区域人类活动对大气环境的影响。阿尔卑斯山地区是较早进行雪冰重金属记录研究的地区。通过对勃朗峰的一支冰芯进行深入分析，建立了 Pb、Cd、Cu 和 Zn 等重金属 1778~1991 年期间的浓度记录。自工业革命以来至 19 世纪末，冰芯中重金属浓度比较稳定；进入 20 世纪之后，除 Au、Pt、Pd 和 Rh 外，其他重金属浓度明显升高。

Pb、Cu、Cd 和 Zn 在 20 世纪 70 年代达到峰值，这与西欧国家排放量的变化基本一致。随后除 Pb、Cd 和 Zn 浓度出现下降趋势外，其他重金属元素如 Co、Cr、Mo、Sb 和 Cu 等自 20 世纪中期以来一直呈上升趋势。阿尔卑斯罗莎峰附近钻取的两支冰芯恢复了自 1650 年以来的 14 种重金属变化历史，发现重金属元素 Cd、Zn、Bi、Cu 和 Ni 在 20 世纪以来处于增长趋势，证实了欧洲重金属排放对区域性大气环境的重要影响；对 Pb 及其同位素的历史变化研究表明（图 6-3），Pb 的浓度在 70 年代约为 17 世纪的 25 倍，而 Pb 同位素的变化也表明人类活动排放是其重要来源。勃朗峰冰芯中 1956～1994 年有机 Pb 污染的历史也表明，有机 Pb 浓度至 20 世纪 80 年代末期一直呈增长态势，进入 90 年代逐渐下降，这与邻近地区如法国的汽油使用量以及无铅汽油政策的实施有着很好的对应。

对美洲地区而言，已对南美 Samaja 冰帽钻取的冰芯建立了自末次冰期（约 22000a BP）以来 13 种重金属的历史记录。其中，V、Co、Rb、Sr 和 U 的富集因子变化幅度不大，主要来源于地表岩石及粉尘，而其他重金属元素如 Pb、Cu、Zn、Ag 和 Cd 的富集因子在 19～20 世纪期间出现了显著增长，主要是由于人类活动导致的。对该地区冰芯中 Pb 和 Sr 同位素的历史记录亦得到类似的结论。对玻利维亚安第斯山涅瓦多伊利曼尼（Nevado Illimani）冰芯中几十种元素 1919～1999 年间的历史记录进行了研究，发现 Cu、As、Zn、Cd、Co、Ni 和 Cr 等重金属浓度出现了显著增长，主要来源于人类活动排放。Pb 在 1950 年前主要源于采矿活动，而之后则与汽车尾气排放有关。加拿大北极地区 Devon 冰帽冰芯工业革命以来，Pb 浓度自工业革命初期（10 pg/g）至 20 世纪 70 年代（300 pg/g）出现了显著增长，与格陵兰地区 Pb 的历史趋势变化极为相似；70 年代之后 Pb 的下降趋势与格陵兰地区记录相比则略为滞后，并认为该地区可能受到欧洲乃至亚洲越北极 Pb 传输的影响。通过研究加拿大育空地区 Mt.Logan 冰芯中 Pb 的历史变化也证实了上述结论（图 6-3），并指出近几十年亚洲的 Pb 排放可通过跨越太平洋气流传输至该地区。

南美秘鲁奎尔卡亚（Quelccaya）冰芯 Hg 的大气沉降记录在 1450～1650 年期间主要在背景值附近波动变化，且低于秘鲁中部湖泊沉积物中 Hg 含量，然而 1980～2011 年期间 Hg 沉降通量较工业革命之前增加 3 倍。利用在美国弗里蒙特（Upper Fremont Glacier，UFG）冰川钻取的两支冰芯重建了过去 270 年来 Hg 的沉降记录显示（图 6-4），人为源 Hg 还在持续增长，并认为人为源 Hg 占总 Hg 释放量的 52%，近 100 年增加到了 70%，而 1990 年以来大气 Hg 的下降趋势与美国颁布的相关清洁空气法案有关，反映出冰芯记录能够敏感反映区域大气 Hg 含量的变化。法国勃朗峰冰芯记录自 20 世纪以来总 Hg 浓度呈明显上升趋势，且峰值出现在 1965 年，之后冰芯记录的总 Hg 和甲基汞浓度降低，这可能与人类活动排放的 Hg 减少有关。且发现过去 150 年以来 Hg 呈增加趋势，较之工业革命前增长数倍（2～4 倍），Hg 的潜在环境污染风险在全球范围内不容小觑。

## 6.2.3　青藏高原

　　青藏高原地域范围广袤且较为远离人类聚居地和工农业密集区，在中低纬度地区相比，气候环境较为独特（被称为"第三极"），该地区雪冰重金属记录为认识区域大气环境污染提供了新的视角。青藏高原地区现代降水中 Pb 的分析认为人为源贡献高达 97%以上。通过希夏邦马峰达索普冰芯上部 40m 样品建立了 1946~1997 年 Pb 变化记录发现，Pb 含量呈持续上升趋势，20 世纪 70 年代以来人类活动排放的 Pb 占据主导地位。1955~1993 年间慕士塔格冰芯 Pb 浓度从 1973 年开始大幅度升高（图 6-3），在 1980 年和 1993年前后出现了两个高值阶段，1993 年以后 Pb 浓度又逐渐降低，慕士塔格冰芯中 Pb 浓度变化主要与中亚五国 Pb 的人为排放有关。青藏高原北部古里雅冰芯 Cd 浓度自 1900 年以来呈增加趋势，反映了来自西亚及南亚有关国家人类活动排放污染物对该地区大气的影响。青藏高原中部各拉丹冬冰芯过去 500 年来 Pb 含量为 415 pg/g，1850 年以来平均含量为 442 pg/g，略高于工业革命以前 Pb 含量（图 6-3）。珠峰冰芯 350 年来的重金属Bi、U、Cs 的富集因子（EFs）值自 20 世纪 50 年代以来呈上升趋势，S 和 Ca 的 EFs 值则从 80 年代开始上升，Bi 的增加与采矿、冶炼、汽油和煤的燃烧有关，U 和 Cs 则与采矿和提炼过程有关，Ca 和 S 的来源可能与土地利用、环境变化有关。而在高原中部的各拉丹冬冰芯 U 的 EFs（EFs-U）过去 500 年来变化较为平缓，且 EF 值较低，基本代表地壳本底来源的波动状况（图 6-5）。而珠峰冰芯和阿尔卑斯勃朗峰冰芯记录的 U 含量自1960 年开始升高，至 70 年代达到峰值，之后略有下降。珠峰冰芯 EFs-U 平均为~2，显示 U 存在轻微富集；天山庙儿沟冰芯 EFs-U 基本没有变化，且均值仅为~3，可能主要来源于岩石和土壤粉尘等。

　　近期欧洲和北美人类活动释 Hg 量呈一定的下降趋势，但是在亚洲则表现为显著增加趋势（图 6-4）。如阿尔泰山和各拉丹冬冰芯 Hg 浓度在近期仍呈上升趋势，快速的经济和工业发展致使亚洲成为人类活动 Hg 排放的一个主要源区，约占全球总排放量的一半以上，势必对全球大气环境产生重要影响。青藏高原冰芯-湖芯共同记录了自工业革命以来，尤其是二战之后，大气 Hg 沉降通量快速增加，与南亚地区近期人为 Hg 排放的增长相对应（图 6-4），这与欧美地区大气 Hg 沉降通量近几十年来呈现下降或保持稳定的趋势不一致，也进一步揭示出南亚人为排放污染物是影响青藏高原大气 Hg 本底和沉降通量的重要原因。总体来说，在青藏高原尽管已经开展了不少工作，但与两极地区广泛而深入的研究相比，青藏高原关于重金属的研究仍非常欠缺，因此，该区域冰芯重金属记录研究，以及评估人类排放重金属污染物对高原大气环境的影响等工作仍亟待加强。

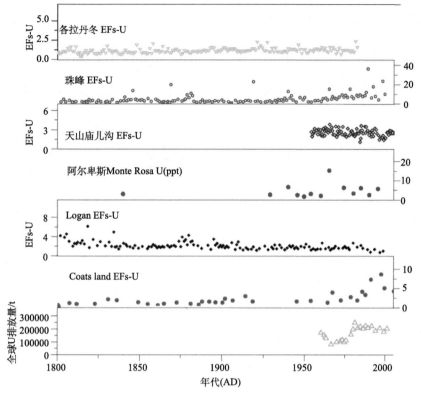

图 6-5　青藏高原冰芯中重金属 U 的记录及其与其他冰芯的对比（改自 Kaspari et al., 2009；张玉兰, 2014）

## 6.3　黑　　碳

20 世纪 80 年代开始，雪冰中黑碳研究始于北极和南极，并已经取得大量成果。1999 年以后对北半球中、低纬度地区山地冰川黑碳记录的研究也逐渐展开。由于黑碳具有很强的稳定性，冰芯记录可反演与气候环境变化的关系等。工业革命之前，黑碳主要来源于自然界生物质的燃烧；而此后，人类对化石燃料的需求越来越旺盛，化石燃料的燃烧产生了大量黑碳气溶胶。因此，冰芯中的黑碳记录在很大程度上也反映了人类活动的历史进程。

南极 Byrd 站冰芯样品的黑碳浓度在末次冰期晚期到全新世的过渡时期（13000～10800 a BP）约为 0.1 ng/g，但在全新世初期（10800～10200 a BP），黑碳浓度有突然升高的现象（从 0 上升到 0.95 ng/g），进入全新世以后黑碳的浓度在 0.5 ng/g 附近振荡。该冰芯中黑碳浓度在全新世早期的突然增加，不能归因于大气环流的改变或者沙尘暴的增加，因为该冰芯记录的大陆粉尘浓度在此期间并没有增加，而可能主要与全新世早期生物量的增长、可燃烧物质量的增加，以及人类活动诱发的森林、灌木和草地的大火有关。近 150 年来南极冰芯中黑碳记录没有明显变化趋势，在 1980 年之前一直很稳定，但在

1980～2000 年间微弱升高（图 6-6）。

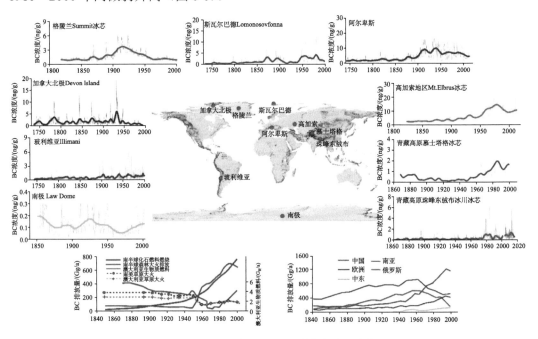

图 6-6　不同地区冰芯中 BC 历史变化以及黑碳排放量（改自 Kang et al., 2020）

注：横轴表示年代

　　北极斯瓦尔巴德地区冰芯黑碳浓度在工业革命之前主要受欧亚大陆北部生物质燃烧排放的影响，然而在 1860 年以来黑碳浓度急剧增加，峰值分别出现在 19 世纪 90 年代和 20 世纪 50 年代。工业革命以前，格陵兰冰盖中部数支冰芯中的黑碳浓度都很低，基本在 1.7 ng/g 上下波动，但从 1850 年（此时欧美各发达国家的工业化进程基本完成）开始明显上升，随着煤炭等化石燃料大量使用，全球黑碳的背景值显著升高，到 20 世纪 10 年代冰芯中黑碳的浓度比工业革命前增长了 7 倍，达到 12.5 ng/g；随后至 20 世纪 40 年代末期出现降低趋势，可能是能源结构从木炭消费为主向石油消费为主转化造成的；1950 年前后，黑碳浓度又开始升高，同时发现其他工业活动成因的离子，如 $SO_4^{2-}$ 和 $NO_3^-$ 的浓度此时也有升高趋势，这可能是发达国家石油消费的需求增加造成的。

　　工业革命以来，欧洲阿尔卑斯山多支冰芯中黑碳浓度在 1850～1910 年呈增加趋势，之后略有降低；1970～2004 年则急剧增加，峰值出现在 20 世纪 90 年代。根据 1890～1975 年期间的化石燃料消费情况计算的德国、法国、瑞士和意大利等四国的黑碳排放量与冰芯记录的黑碳浓度之间具有显著的相关关系，说明阿尔卑斯地区冰芯记录的黑碳变化在很大程度上反映了欧洲大陆主要国家的黑碳排放历史。

　　青藏高原毗邻南亚和中亚，上述地区的化石燃料以及生物质燃烧产生的大量黑碳，对青藏高原冰冻圈环境产生重要影响。青藏高原数支冰芯黑碳记录的非季风期浓度偏高，与冬春季节南亚爆发的棕色云有关，1990 年以来高原南部冰芯（如东绒布、宁金刚桑、佐求普冰芯）中黑碳呈上升趋势，高原南北部黑碳变化具有不同的趋势，表明黑碳气溶胶传输路径、源区强度影响的不同。珠峰冰芯黑碳浓度近 50 年来呈明显上升趋势，也是受到人类活动排放污染物显著影响的佐证。总体来看，工业革命以来珠峰和各拉丹冬冰芯中黑碳浓度均呈显著上升趋势，1975～2000 年的平均浓度约为 1975 年之前浓度的 3 倍（图 6-6）。高原南部冰芯（如东绒布、宁金岗桑、佐求普）黑碳历史变化与南亚地区黑碳的排放量变化较为一致，而西风带影响区（如慕士塔格）更多地受到中东地区黑碳排放的影响。结合雪冰粉尘 Pb 同位素、污染事件追踪、气团轨迹反演、碳同位素指纹信息等进一步佐证了南亚和中亚地区人类活动排放的大量污染物（包括黑碳）可对青藏高原及周边地区环境产生深刻影响。

　　黑碳经过一系列风力、降水和地表径流拌匀与沉降等作用后，最终在河流、湖泊等环境中沉积下来，湖芯黑碳记录与气候变化、碳循环等密切相关，也可恢复化石燃料的使用历史以及人为活动影响强度。阿尔卑斯山上湖泊记录的黑碳浓度的增加始于 1950 年代，与当时工业发展以及化石燃料使用密切相关，对比发现人类干扰较大的湖泊沉积物中的黑碳/总有机碳值相对升高。青藏高原广为分布的封闭湖泊，为重建大气中黑碳浓度及其沉降通量的历史状况提供了良好载体。纳木错湖泊沉积物中的黑碳沉降通量在 1857 年至 1900 年代保持相对稳定，此后逐渐上升，在 1960 年后，沉降通量急剧升高（图 6-7）。通过对比不同区域的黑碳历史排放清单，纳木错湖泊沉积物中黑碳变化趋势与南亚高度一致；近几十年较之工业革命前的背景时期，黑碳沉降通量上升了约 2.5 倍。最新的报道指出，青藏高原湖芯黑碳浓度范围约为 0.14～2.58 mg/g，藏东南地区然乌湖湖芯黑碳浓度和通量均较高，与较大的沉积速率、大量径流以及雪冰融水的注入有关。湖芯中黑碳的浓度自工业革命以来呈上升趋势，特别是从 1960 年开始显著增加，与南亚污染物的排放历史变化较为一致，也佐证了人类活动在 1960 年以后开始显著影响到青藏高原内陆。

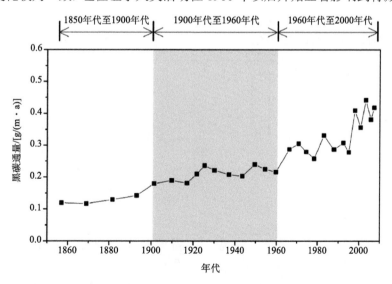

图 6-7　纳木错湖芯中黑碳的通量变化（改自 Cong et al., 2013）

# 6.4　持久性有机污染物

鉴于 POPs 在区域乃至全球尺度下的大气输送过程可能对高纬度地区生态环境造成严重的影响，自 20 世纪 70 年代以来，科学家开始关注两极地区（主要是北极）环境中 POPs 物质的分布、迁移及其组成变化的规律。欧美学者也已经在阿尔卑斯山和北美落基山脉开展了大气、湖泊、冰芯中 POPs 物质的研究。十几年前欧洲的一些研究者就曾提出"长距离大气输送过程是导致极地和高山地区积累 POPs 的主要原因"。经过研究者们持续多年对北极多个大气环境监测站所采集样品的分析，2002 年北极大气环境检测评估委员会的专题报告中突出强调了长距离大气输送对于目前北极地区 POPs 传输的重要作用。自 1970 年以来北极地区大气中 α-六六六（α-HCH）浓度变化的时间序列与该物质全球排放的时间顺序对应的非常好。1982 年中国禁止了 α-HCH 的使用，1990 年印度开始大规模削减 α-HCH 的使用，与此相对应，在这几个年份北极地区大气中 α-HCH 的含量呈现了显著的下降现象。大气模型模拟也表明横贯太平洋的大气输送可以将亚洲及北美过去和现在所使用过的 POPs 传输到北极。

POPs 可通过大气传输到南北极地区，南极和北极格陵兰冰芯中 PAHs 浓度自 20 世纪 30 年代开始增长，与化石燃料大量使用的历史一致。格陵兰湖芯有机氯农药浓度最高值出现在 60～80 年代（图 6-8），此后下降，表层湖芯浓度较低，指示了格陵兰地区大气中 POPs 的浓度变化历史。前人重建了从 1940～2002 年期间 PCBs 在阿尔卑斯山冰芯的历史记录，其中 70 年代冰芯中 PCBs 的含量最高，约为 5 ng/L，较 40 年代增加了 8 倍，之后显著降低，则与当时 PCBs 的生产和使用限制有关。而冰前湖湖芯中 PCBs 的历史记录在 2000 年之前与冰芯记录相似，60～80 年代出现峰值，之后显著降低，2000 年后开始逐渐升高（图 6-8），冰川融水引入的 PCBs 贡献可达 50%～97%，即融化的冰川可能成为新的 POPs 的释放源区。

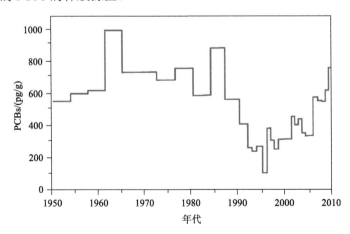

图 6-8　阿尔卑斯冰前湖湖芯 PCBs 的历史记录（改自 Pavlova et al., 2016）

 DDT 是 POPs 中一种较具有代表性的有机污染物。珠峰东绒布冰芯的数据显示 DDT 的浓度在 20 世纪 60～70 年代中期出现高值（0.5～2 ng/L），沉积通量在 1974 年达到最高值 2166 pg/（cm·a），之后呈迅速下降趋势；90 年代后，冰芯中仅检测到低浓度的 DDT，这与印度 DDT 的排放历史一致。东绒布冰芯中 α-HCH 的浓度在 1970 年代早期出现升高趋势（图 6-9），这期间全球范围内正大量使用 α-HCH。70 年代后 α-HCH 的浓度出现下降趋势，90 年代 α-HCH 浓度开始低于检出限，这可能与印度 1997 年禁止了 α-HCH 的排放有关。东绒布冰芯 α-HCH 历史记录既是对全球 α-HCH 大量使用的响应，也揭示了印度 α-HCH 的排放历史。湖芯 POPs 的记录也能够响应大气 POPs 的历史排放趋势。青藏高原羊卓雍错湖芯 DDT 的浓度自 1950 年以来升高，在 70 年代达到峰值后开始下降（图 6-9），这与东绒布冰芯的历史记录相同。与冰芯记录不同的是，湖芯中 90 年代末期观测到 DDT 的另一峰值，HCHs 的历史趋势与 DDT 是相同的，分别在 70 年代和 90 年代末期检测到浓度的峰值，这可能是气候变暖影响下冰川消融向湖泊输入所引起。

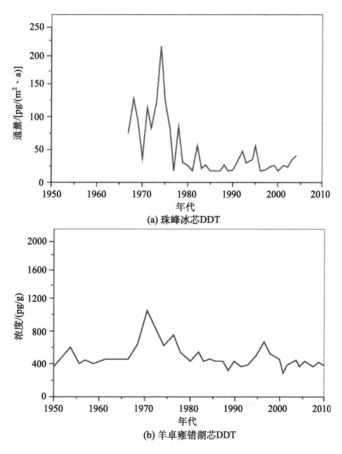

图 6-9 青藏高原珠峰东绒布冰芯（改自 Wang et al., 2008）和羊卓雍错湖芯 DDT 历史记录（改自 Cheng et al., 2014）

# 思　考　题

1. 冰冻圈记录主要重建哪些化学成分的变化历史?
2. 全球不同区域冰冻圈记录的人类排放污染物历史变化有何差异?

# 第**7**章
# 冰冻圈化学的气候和环境效应

本章介绍在冰冻圈快速变化的影响下，冰冻圈化学成分变化所引起的气候和环境效应，包括冰冻圈化学成分变化对气候变化的反馈效应及其冰冻圈中化学成分的快速释放对环境的潜在影响。主要内容包括大气中冰核的气候效应、海冰气体的气候和环境效应、冰冻圈中黑碳和有机碳的气候效应、粉尘的气候效应、冻土碳库的源汇效应，以及冰冻圈快速变化的环境化学效应等。

## 7.1　冰核的气候效应

工业化时代以来，地球大气中气溶胶颗粒物的数量和组成发生了巨大变化。由于人类活动的影响，当今大陆区域大气中的气溶胶颗粒物数量大大增加。在工业化前，大陆区域云凝结核负荷量与大洋区域的云凝结核负荷量基本相当（约 $100\sim300$ 个 $cm^{-3}$，沙尘暴或火灾等特殊情形除外），并且一次和二次生物源的云凝结核占主导地位。相比之下，由于接近重要的人为源排放，目前大陆区域大气的气溶胶负荷比大洋区域的气溶胶负荷要高出很多倍。与当今的大气相比，工业化前大洋区域大气与大陆大气之间的气溶胶更均一。人为排放已经影响到了全球气溶胶浓度的海陆分布特征。目前利用模拟得出的全球气溶胶的分布能够估算人类对云凝结核浓度的影响，但无法精确预测人类活动对云成冰的影响。

混合相云中冰具有潜在的间接环境影响。我们以"洁净"条件下的云的形成作为"基准点"，"洁净"被定义为没有沙尘暴、火灾或火山活动的天然气溶胶负荷。在这种条件下云凝结核相对较少，所产生的云滴数量往往也比较少，同时这些云滴会慢慢变大，大洋上的云中液滴的有效直径超过了 $40~\mu m$。在这种云中无冰的暖雨过程中，液滴可以长到足够大并沉降，在沉降过程中可以结合更多的水滴，经过足够长的时间就会形成降水。也就是说从云中去除液态水，这个过程会去除在形成冰时释放的潜热，导致更高和更冷的云顶。假如存在冰核，就可能形成冰晶，如果这种情况发生在 Hallett–Mossop 过程中，即使是浓度非常小的冰核也可能促使云层的迅速成冰。云不仅对冰核的数量十分敏感，而且对作为凝结核的气溶胶颗粒与冰核的关系也非常密切。在全球范围内，对混合相云中冰核形成影响的研究还十分有限。研究者探讨了矿物粉尘和黑碳作为冰核对混合相云的影响，如较多冰核的形成、降水增强及云寿命减少等。而云量的减少会导致明显变暖，针对这个问题的敏感性研究表明，矿物粉尘形成的冰核的辐射强迫高达 2.1 W/m$^2$，这将显著抵消凝结核增加带来的影响。同时，冰核的增加会引起冰粒浓度的增加，从而产生更多的反射云，这种效应在很大程度上会抵消云生命周期减小而带来的正辐射强迫。总体上，目前还很难全面评估大气冰核的气候效应。

# 7.2　海冰的气候和环境效应

## 7.2.1　海-冰-气界面对化学成分运移的影响

海冰的存在不可避免地减缓了污染物在大气和海洋之间的交换。然而由于下层冰层温度更高，渗透性更强，冰-水界面存在强烈的污染物交换。而且由于盐水被排至上覆积雪，冰-雪/气界面的污染物交换也不断进行。当冰层达到几厘米厚并冷却后，部分盐水即开始冻结，并产生内部压力，挤压多余成分，导致形成薄表面准液层（QLL）。从海冰中析出卤水至雪中的过程对在冰、卤水和积雪中不同的污染物产生重要的影响。卤水析出已被证明能够使雪中的 α-HCH 和 γ-HCH 浓度增加达 50％。

春季，由于气温升高，冰雪的盐水体积分数（$V_b$）增加，污染物能跨越整个海-冰-气界面运移。该过程导致污染物从雪中渗透到海冰，在冰柱内重新分布，并最终从冰层中流入下层海水。在夏季海冰融化期间，融水不仅会冲刷溶解的化学物质，还会冲刷颗粒物质。根据污染物的理化性质，有些污染物将在融水中聚集，这一过程可能发生在融化早期，如 α-HCH 等相对水溶性化学物质；也可能发生在融化末期，再如汞等颗粒反应性化学物质；或者两个时期都有可能发生，如 γ-HCH 等水溶性和颗粒反应性的污染物。

在冬季，大气和海洋之间甚至可以直接通过开放的水道和冰间湖进行污染物交换。由于气相（如 Hg$^0$）和半挥发性（如 HCH）污染物在冬季海冰下倾向于过饱和，因此只要存在开放水域，这些污染物便会大量地从海洋释放大气。另一方面，海冰未覆盖的开放水域也为大气污染物通过干沉降、直接降雪和风吹雪进入海洋提供了快速有效的途径。由于冰间湖的表面积很小（约占北冰洋中部海冰范围总面积的 1％），这些沉降的绝对值可能很小；然而，它们在污染物运输到海洋生态系统中的作用不容忽视，因为冰间湖是鸟类和哺乳动物越冬的重要栖息地，并且春季初级生产量最高。

此外，由于霜花具有独特的生长过程和化学组成，是极地海洋-海冰-大气系统的重要链接。卤水排泄可将高盐度的卤水携带至海冰表面，这些卤水对霜花的形成具有重要作用，即从海冰表面汲取卤水的蒸气沉积晶体。降雪可使得卤水毛细浸润到积雪表层，导致产生所谓的卤水湿雪（brine-wetted snow）。卤水胞外聚合物（extracellular polymeric substances）与其他溶解质耦合到霜花和卤水湿雪的过程已在实验室模拟北极海冰研究中证实。霜花和积雪中富集的化学成分能够通过风力传输至大气中，作为海洋气溶胶的库（pool），进而影响大气化学以及云的性质，此后重新沉降到海冰或者开放水域表层。同时，大气气溶胶沉降也为海冰提供了大量营养元素，富氮积雪是波罗的海海冰的重要氮库，鄂霍茨克海雪冰中也存在高浓度的 $NO_3^-$ 和 $NH_4^+$ 浓度。在南半球大洋中，大气铁沉降对雪冰中的铁元素含量有较大影响，南极陆地无冰覆盖区富含铁的粉尘是近岸带海冰中颗粒态铁累积的重要源。受地理位置的影响，大气元素在海冰整个生长季均可累积，并通过风力或海冰漂移被再分配，但通常在其较短的融化季节和特定地点可释放到海水中。海冰中铁的释放是南极洲边缘冰区生物生长的重要驱动力。

## 7.2.2　海冰运移对化学成分的迁移影响

大陆架和沿海冰间湖是海冰密集分布区。海冰运移对化学成分的迁移影响主要体现在空间和时间两个维度。

从空间变化来看，由大陆架沉积物中迁移到海冰中的污染物可通过海冰运移被输送到其他区域。北冰洋有两个规模大且明显不同的海冰运移路径：①海冰可以从北极东部移到北极中部并进入北大西洋；②北极西部的海冰运移到楚科奇海、东西伯利亚海和波弗特海。多年冰可以将污染物从喀拉海和拉普捷夫海域的潜在来源地运输到北冰洋中部，并最终在 2～5 年内传输到弗拉姆海峡，6～11 年内从东西伯利亚海、楚科奇海和波弗特海传输到弗拉姆海峡。随着海冰在北冰洋内漂移，往往会在夏季消融冰面、在冬季多年海冰底部由冻结增加冰厚。该过程释放可溶性污染物和卤水，并将颗粒和相关污染物移至冰面。这些由颗粒结合的污染物最终将在海冰完全融化的位置释放（如格陵兰海）。由于海冰体积相对较小，与其他传输途径（如大气、海洋、河流传输和沉降）相比，通过海冰运移的污染物净输送量可能不大。然而发生污染事件时，海冰运输显得尤为重要，如果北冰洋发生漏油事件，海冰迁移可以作为石油远距离运输的主要途径。

从时间变化来看，由于每年都会出现冻融循环，海冰可以短时间内大量迁移污染物。在海冰生命周期的最初几周之后，大部分冰柱将冷却致使流体不能渗透。使用卤水体积分数 $V_b = 5\%$ 作为海冰内流体运输的下限，冬季只有占北极海冰总厚度 1/3 的底层部分是可渗透的。因此，大约 2/3 的冬季海冰成为污染物的短期储存地，这些污染物的分布反映了海冰的生长历史，如形成地点、生长速度和气象条件等。随着温度升高，渗透率增加，冰载污染物开始释放到海水或大气中。通过这种季节冻融循环，海冰在秋季和冬季积累和储存污染物，然后于春季和夏季在靠近（比如陆地附着海冰）或远离（比如多年冰）源区的位置以脉冲方式全部（季节性海冰）或部分（多年冰）释放污染物。

# 7.3 碳质气溶胶的气候效应

物体对于某一波长反射辐射量与入射辐射量的比值称为反射率，将各波长反射率进行积分就得到该物体的反照率。雪冰具有较高的反照率，通常大于 0.5（50%，即可反射 50%的太阳入射辐射量），加上雪冰覆盖了地球表面很大部分面积（如极地和高海拔地区），因此雪冰反照率是影响地气能量平衡的重要参数。海洋和陆地的平均反照率分别约为 0.1 和 0.3，当其被雪冰覆盖后，地表所吸收的太阳辐射将不到原来的 50%，导致地表进一步降温。由此，雪冰范围变化引起的区域地表反照率变化对不同尺度的气候变化具有反馈效应。如全球变暖加速冰冻圈消融，引起地表雪冰面积减少，进而暴露了陆地及海洋表面，使地表反照率降低，增强辐射加热，从而加速全球升温。因此，地表雪冰反照率的变化可导致气候的波动，是影响地-气系统能量平衡的关键因素之一。

雪冰反照率变化能够显著影响冰冻圈表面的能量平衡，而沉降到雪冰表面的黑碳（BC）则能够显著降低雪冰反照率，引起一系列连锁反应，即雪冰吸收更多太阳辐射—雪温升高—雪加速老化—雪冰消融增强—雪冰表面黑碳富集-进一步降低雪冰反照率。青藏高原雪冰黑碳能极大地改变冰面反照率，进而导致冰川的加速消融，其对冰川消融的贡献量最高可以达到 40%左右。在过去 40 年，青藏高原冰川物质损失量约为 45 万 t，而吸光性杂质对冰川损失量的贡献可达 2 万～8 万 t。尽管模式和观测存在较大的差异，黑碳和粉尘的综合效应可导致青藏高原积雪消融期缩短 3.1～4.4 天。从历史变化来看，阿尔卑斯山地区 Colle Gnifetti 冰芯记录显示 19 世纪中期该地区大量冰川明显退缩，而期间积雪中工业源的黑碳含量增加所引起的辐射强迫是导致该地区冰川快速退缩的主要原因。

通过在区域气候模式中耦合雪冰-气溶胶辐射传输模块，可以评估雪冰中吸光性杂质对气候的影响。在青藏高原，黑碳导致雪冰反照率降低，在季风期高原西部产生的辐射强迫为 3.0～4.5 W/m$^2$；非季风期喜马拉雅地区黑碳导致的辐射强迫为 5.0～6.0 W/m$^2$。对于青藏高原西部及喜马拉雅地区，黑碳-雪冰辐射效应可导致近地面增温 0.1～1.5℃，雪水当量减少 5～25 mm。黑碳引起冰雪反照率的变化所导致的气候强迫效应在北半球可达 0～3 W/m$^2$，其引起的地表增温效果约占观测到的全球变暖的 1/4 左右，在给定的气候强迫下，它产生的气候强迫的效率大约为 $CO_2$ 的两倍。全球平均雪冰黑碳辐射强迫约为 0.04 W/m$^2$，其中人类活动排放的黑碳沉降到雪冰引起的平均辐射强迫约为 0.035 W/m$^2$。

近年来，北极地区增温幅度可达全球平均水平的两倍以上，短寿命的气候强迫因子（如黑碳等）引起的增温是除温室气体外造成北极变暖的重要因素。由于雪冰表面的高反照率和强烈的反馈过程，北极地区气候受黑碳气溶胶的影响显著，数值模拟的结果显示，大气和积雪中的黑碳引起的北极地区地表温度的响应为 0.33～0.66K。2015 年北极监测与评估计划（AMAP）的评估报告指出，大气中的黑碳造成的北极地区年平均辐射强迫

为 $0.07\sim1.19$ $W/m^2$。此外，黑碳沉降在雪冰中所带来的气候效应也不容忽视。利用 SNICAR 模型对 $1800\sim2000$ 年期间积雪中的黑碳对北极地区表面辐射强迫的影响估算发现，在夏季早期黑碳造成的表面辐射强迫值最高，其中夏季早期表面辐射强迫中值在 1850 年之前为 $0.42$ $W/m^2$，$1850\sim1951$ 年为 $1.13$ $W/m^2$，1951 年之后为 $0.59$ $W/m^2$。其中，在工业排放对北极黑碳贡献量最高为 $1906\sim1910$ 年，造成的表面辐射强迫可达 $3.2$ $W/m^2$。$2005\sim2009$ 年多模式平均模拟结果显示，北极地区积雪中黑碳引起的辐射强迫为 $0.17$ $W/m^2$。积雪和海冰中黑碳对北极地区反照率和辐射强迫的影响具有明显的季节性和空间性。全球化学传输模式 GEOS-Chem 评估了春季黑碳导致的平均地表辐射强迫为 $1.2$ $W/m^2$。黑碳导致反照率降低所引起的辐射强迫具有区域差异，如北冰洋地区为 $0.64$ $W/m^2$，加拿大和阿拉斯加北极为 $0.84$ $W/m^2$，俄罗斯北极为 $2.4$ $W/m^2$，斯瓦尔巴特群岛 $0.54$ $W/m^2$。

DOC 除了在全球碳循环中的发挥重要作用，还是影响冰冻圈消融的吸光性杂质之一。20 世纪末，研究者发现部分有机碳在紫外和近可见光波段范围内具有强烈的光吸收作用，且光吸收强度随波长的增加而减弱，并将这种具有光吸收特征、同时吸光特性对波长具有依赖性的有机碳命名为"棕碳"（brown carbon, BrC）。水溶性有机碳（WSOC）是有机碳的主要组成部分，且已证实水溶性有机碳在紫外和可见光波段具有有效光吸收特性，并可引起大气辐射强迫的变化。水溶性有机碳光吸收特性的研究主要关注的参数是质量吸收截面（massabsorption cross section, MAC）、Ångström 吸收波长指数（absorption Ångström exponent, AAE），通过参数可以估算水溶性有机碳可能产生的辐射强迫。例如，北极雪/冰中 DOC 的代表物类腐殖酸（HULIS）在不同波段的 AAE 值均落在所有气溶胶中水溶性有机碳的 AAE 值的范围之内（$3.1\sim11.7$）。其在 250 nm 处的 MAC 值为 $2.6\pm1.1 m^2/g$，该值略高于气溶胶中水溶性有机碳的 MAC，主要是因为气溶胶中的 MAC 通常是大于或等于 365 nm 波长的值。雪冰中 HULIS 的吸光特性具有较强的波长依赖性，随着波长增大而迅速减小，雪冰中 DOC 的光吸收特性和气溶胶中水溶性有机碳特性具有一致性。发色团类物质在光照的情况下会发生光漂白作用或光化学反应，导致雪冰中具有光吸收能力的官能团减少，光吸收能力减弱。此外，经过光照的雪冰中有机物会可发生完全不同于液体中有机物的光裂解过程，且其光解产物进入其他环境后可能产生毒性风险。

从 DOC 产生的辐射强迫看，极地地区沉降到海冰和积雪表面的 BrC 对光吸收的贡献可达黑碳的 24%，由此导致的辐射强迫约为 $0.0011\sim0.0031$ $W/m^2$。青藏高原冰川区 DOC 产生平均辐射强迫通常为 $0.43\sim1.34$ $W/m^2$，其光吸收能力较弱，引起的辐射强迫是黑碳的 20%～43%，但是所引起的雪冰表面反照率降低以及冰川消融等效应不容忽视。总之，冰冻圈中赋存的黑碳等吸光性杂质产生的辐射强迫及其气候效应非常显著，随着全球变暖作用不断放大，冰冻圈中碳质气溶胶的变化将会带来一系列气候和环境问题。

# 7.4 粉尘的气候和环境效应

冰冻圈地区的粉尘作为雪冰中吸收光的杂质之一,同样可以降低雪冰表面的反照率,加速冰冻圈的消融。同时,粉尘作为大气重要的组成成分,对全球气候系统和生物地球化学循环具有重要的作用,包括对太阳辐射的反射和散射、对海洋"铁肥料"的供给以及对降水的影响等。矿物粉尘通常在对流层中下部进行长距离输送。例如,亚洲粉尘能够传输到北太平洋地区及北极格陵兰岛。中国塔克拉玛干沙漠一次风暴中产生的粉尘,通过大气环流被抬升到离地表 $8\sim10$ km 的对流层上层,并在大约 13 天的时间里绕地球运移一圈,随后沉降在海洋中。在高空尘埃颗粒可能扮演了冰核的角色,导致了卷云的形成。亚洲粉尘可以通过影响卷云冰核的形成来影响全球的辐射平衡,并且通过向开阔的海洋提供营养物质来调整海洋生态系统。

青藏高原冰川中大气沉降的粉尘会极大地降低反照率,引起冰川加速消融。如冬克玛底冰川的粉尘会造成反照率降低约 $25\%\pm14\%$,辐射强迫约为($21.23\pm22.08$)W/m$^2$,而在藏东南区域,雪冰粉尘造成的辐射强迫为 $1.5\sim120$ W/m$^2$,此外,喜马拉雅山脉南坡 Mera 冰川冬春季雪冰中粉尘可导致反照率降低 $40\%\sim42\%$,瞬时辐射强迫可达 $488\sim525$ W/m$^2$。整体来看,在大气和雪冰中粉尘的共同作用下,青藏高原西部及昆仑山地区,春季地面升温约 $0.1\sim0.5$℃。在冬春季,粉尘导致高原西部、帕米尔、喜马拉雅地区的积雪雪水当量减少 $5\sim25$ mm。

大气粉尘的传输和沉降加速冰川消融,同时对冰川融水补给的下游生态环境带来潜在的影响。融水径流中大量的颗粒物来自雪冰中大气粉尘沉降,随着雪冰的加速消融,这些颗粒物释放到径流中造成下游水体理化性质的变化。冰川融水中化学离子相对组成及其浓度变化都与粉尘有较好的一致性,pH 值和电导率的变化也反映了粉尘对融水物理化学指标的影响。同时,融水中的粉尘颗粒物包括了大量富含 Al、Ca、K、Fe 的矿物成分,如石英、长石、铝酸盐,以及飞灰单颗粒等,与冰川雪坑中沉降的颗粒物相一致。因此,大气粉尘的传输和沉降对高海拔冰川区融水径流的理化特征有着重要的影响,将改变下游地区的水质,对生态环境带来潜在的影响。

# 7.5 冰冻圈碳源汇的气候与环境效应

## 7.5.1 陆地冰冻圈碳源汇效应

### 1. 冰川

冰川储存着大量有机碳,对全球碳循环具有潜在的气候和环境影响。雪冰中的有机碳既来自冰川微生物初级生产过程，又源于陆地和人为活动排放的碳质物质通过大气干湿沉降积累。在全球变暖背景下，冰川消融释放有机碳进入水体中，从而参与到全球碳循环之中。全球冰川中保存的有机碳约为（4.48±2.79）Pg，其中南极冰盖、格陵兰冰盖和山地冰川的储存量分别约为（4.19±2.78）Pg（93%），（0.22±0.06）Pg（5%）和（0.07±0.01）Pg（2%）。冰川中保存的有机碳约占北极地区土壤总有机碳的6%，它的储量比全球多年冻土的有机碳总储量（＞1600 Pg）低几个数量级。但是，与多年冻土中的有机碳不同，冰川中的有机碳，尤其是 DOC 一旦被冰川释放出来，就会迅速进入下游水体之中，其中大部分 DOC 将被分解并生成 $CO_2$ 等温室气体。

根据目前公布的数据，尽管南极冰盖储存着全球冰川中最大量的碳储量，但冰川 DOC 的损失主要是由山地冰川消融所贡献，颗粒态有机碳（POC）的损失则主要由格陵兰冰盖消融所贡献。相应地，整个青藏高原冰川每年输出 DOC 的量约为 12.7～13.2Gg（1Gg=$10^9$g），显著高于相应的 DOC 沉降量（5.6 Gg），与目前青藏高原大部分冰川处于负平衡物质亏损状态是一致的。更为重要的是，对北极山地冰川 DOC 的生物可利用性的研究分析，当流域冰川覆盖度越高，其河流输出的 DOC 年龄就越老，在短时间内，微生物分解这些 DOC 并产生 $CO_2$ 等温室气体。同时，青藏高原北部冰川河流中也发现在一个月内有约46%的 DOC 分解释放，表明冰川输出 DOC 具有高分解率是全球普遍现象。预计在未来几十年，全球冰川有机碳的释放将受地表质量平衡和冰川动力学变化的强烈影响。格陵兰冰盖和南极冰盖的冰损失量预计在未来数十年内继续增加，山地冰川亦存在同样的变化趋势。预估到 2050 年，由于气候变暖所导致的全球冰川累积损失 DOC 量将达到 15Tg，其中大部分（约63%）将来自山地冰川融化的贡献。冰川和冰盖中碳的二次释放将深刻改变全球碳循环格局，将对全球和区域气候变化产生重要的反馈作用。

### 2. 冻土

尽管冰川消融释放有机碳，进而转化为温室气体释放到大气中，但冰川有机碳储量仅约占多年冻土碳储量的千分之一。多年冻土区有机碳库是地球表层系统中最大的碳库之一。多年冻土碳库十分脆弱，易受多年冻土退化的影响，气候变暖导致土壤碳以 $CO_2$ 或 $CH_4$ 的形式排放到大气并加速全球变暖。由于多年冻土巨大的碳储量及其较活跃的化学属性，其微小变化就会影响全球大气 $CO_2$ 浓度的波动。在全球变暖背景下，多年冻土都有从碳汇转变为碳源的趋势，从而将冻结存储的有机碳分解释放，对全球变暖起到正反馈效应。目前，全球范围的多年冻土都正在发生不同程度的退化，导致全球多年冻土面积减少。同时，多年冻土年平均地温都发生不同程度的升高，升温必然引起其热状态和活动层动力学的变化，对陆地生态系统和温室气体交换具有重要影响。自 20 世纪 50 年代以来，西伯利亚多年冻土活动层厚度一直在增加，青藏高原多年冻土活动层厚度亦发生着同样的变化。多年冻土退化不仅加速土壤有机碳分解，亦使部分 DOC 释放进入水体，进一步被光降解和微生物分解，从而转化为温室气体进入到大气中。

我国青藏高原多年冻土区土壤有机碳储量密度较高，在全球碳源汇管理和生态环境建设中起着举足轻重的作用。多年冻土区 0～2 m 深度的土壤有机碳储量为（19.0±6.6）Pg C，青藏高原多年冻土区碳源汇效应对未来气候变化预估具有重要意义。随着全球气温升高，青藏高原多年冻土区碳排放将会发生较大变化。多年冻土退化过程中活动层厚度的增加将会使土壤温度上升、土壤含水量下降，导致 $CO_2$ 通量显著增加。多年冻土退化也会造成热喀斯特地貌的形成，不仅破坏植被的生长，改变土壤的水分条件，而且使得土壤有机碳暴露，使其更容易被分解利用，最终可能导致局部生态系统从碳汇向碳源的转变。

## 7.5.2　海洋冰冻圈碳源汇效应

　　北冰洋是全球海洋碳循环的关键地区之一，其独特的地理位置和地形特征（如相对封闭、边缘有世界上最大的陆架区、外围有广袤的陆地多年冻土和大河输入物质）决定了它是展现海冰冰冻圈碳源汇效应的绝佳场所。由于全球变暖、海冰消退、北极快速变化所引起的多圈层之间强烈相互作用，已经对北极地区碳源汇效应产生了深刻影响。这种变化不仅体现在陆地多年冻土变化所引起的 $CH_4$ 和 $CO_2$ 释放，而且，随之发生的海水层化、混合和环流变化，陆源有机碳和营养物质入海通量的增加，将改变海洋 $CO_2$ "物理泵""生物泵""微型生物碳泵"作用的强度和方式，以及原有的海洋碳储库构成，已对全球海陆碳源汇格局产生重要影响。此外，由于光和温度的限制，全年高生物生产力的季节主要集中在夏季，海洋"生物泵"过程很大程度上受控于海冰的覆盖情况。当全球变暖、陆地风化作用加强时，大量陆源有机碳输入北冰洋，增加陆地碳在海洋碳储库中的构成；其同时输入的营养盐也会在北冰洋陆架区促进"生物泵"的运转，改变"微型生物碳泵"的储碳效应，从而改变北冰洋的碳循环过程。在北极目前发生的气温快速升高、淡水和营养盐输入增加、深层水形成受阻等的影响下，"微型生物碳泵"肯定发生重大变化，将会产生一系列的海洋冰冻圈碳源汇效应。

　　在北冰洋广阔的浅水区海底埋藏着大量的多年冻土，这些多年冻土之前是在陆地条件下形成的，后来由于海平面上升被淹没，大量的碳质物质被保存在这些海底多年冻土中。海底多年冻土主要在无氧环境中分解，除 $CO_2$ 外更多以 $CH_4$ 形式释放。海底多年冻土对气候变化非常敏感，尽管目前的认知还有很大的不确定性，但其中埋藏的 $CH_4$ 极易被释放出来并进入大气。随着全球气候变暖，厌氧环境下海底沉积物中的有机碳可在微生物的矿化作用下形成 $CH_4$，然后进入大气，进而降低海底多年冻土中碳储量。在海底高压力和低温条件下亦可形成相对稳定的甲烷水合物，即除海底多年冻土外，还有大量的亚稳定甲烷水合物在海床表层形成一层冻结覆盖层阻滞 $CH_4$ 的释放。当温度升高时，水合物中的 $CH_4$ 会加速释放，最后可能形成突变性的碳排放，从而造成灾难性的温室效应，这被称为"甲烷水合物枪假说"。

类似于北冰洋的全球大陆架浅层区海底多年冻土的变化引起了科学家广泛关注，特别是北极东西伯利亚海底大陆架区，当前的气候变暖与海平面升高，使得该区域海底多年冻土表层温度增加 12～17℃，接近至 0℃，致使海水下覆底部的多年冻土退化，造成温室气体排放至海洋表层。随着全球变暖，北极地区海底多年冻土活动层厚度将会增加，从而影响温室气体释放。如图 7-1 所示，作用于海底冻土的外强迫会发生变化（如极端天气的频发、洋流运动的变化以及海平面的升高等因素）。极地海冰的快速退缩，使得多年海冰开始解冻及再冻结，而这一过程会侵蚀大陆架近岸区的多年冻土，从而将冰期时储存在多年冻土中的碳释放至大气。然而，以上这一过程与机理难以用单一的模型刻画，这给评估全球碳循环带来了极大的不确定性，限制了定量评估海底多年冻土碳释放的气候环境效应。海底冻土碳库对未来气候变化会产生多大影响，是否存在大规模碳释放的可能及其是否会掩盖人类活动产生的温室效应，均存在较大不确定性。

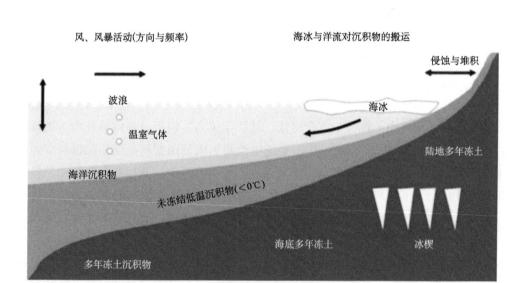

图 7-1　北极海底冻土地形特征与温室气体相互作用示意图（改自 Lantuit et al., 2012）

## 7.6　冰冻圈快速变化的环境风险

### 7.6.1　海洋微塑料污染

"微塑料"是尺径介于 0.2 nm～5.0 mm 的不同形态的塑料颗粒、微纤维或薄膜等的统称。如图 7-2 所示微塑料分为初生微塑料和次生微塑料，前者主要由污水排放、垃圾堆放、海上作业和船舶运输的设备破损与原油泄漏、海岸带地区人类活动等过程带入自然环境的塑料颗粒，后者主要是大型塑料垃圾经物理、化学、生物过程造成分裂和体积减小而成的塑料颗粒。

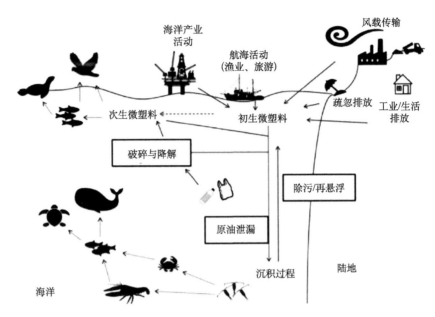

图 7-2　海水环境中微塑料的潜在归趋、传输路径以及生物影响（改自 Li et al., 2016；da Costa et al., 2017）

环境中的微塑料由于粒径小、密度低，能够在风力、河流、洋流等外力下进行迁移（图 7-2）。过去十多年来，在海洋生态系统中检测到大量微塑料，包括北极和南大洋。北极海冰可临时存储以及携带大量的微塑料进行迁移。其中，弗拉姆海峡海冰总微塑料含量最高[约(1.2±1.4)×10$^7$N/m$^3$]，斯瓦尔巴德及北冰洋南森海盆海冰中微塑料含量略低（约(1.1~2.9)×10$^7$N/m$^3$）。这比之前北冰洋中部的分析结果高出 2~3 个数量级。微塑料性质稳定，可长期存在于环境中，但其表面理化性质也会在阳光、气温变化、机械磨损、海浪、微生物等作用下发生变化。总体来说，北冰洋海冰中微塑料化学成分主要包括 17 种类型，主要为聚乙烯（PE）（约占 48%），此外还包括清漆（聚氨酯和聚丙烯酯）、聚酰胺、聚酯（PES）、聚丙烯（PP）、聚苯乙烯（PS）、丁腈橡胶、聚乳酸（PCA）、聚氯乙烯（PVC）、聚碳酸酯（PC）等。

海洋微塑料一旦进入食物链，将会影响到海洋生态系统的健康（图 7-2）。小尺寸（<5mm）的微塑料和海洋中的低营养级生物，如浮游生物，具有相似的大小，许多海洋生物不能区分食物和微塑料颗粒，因此微塑料极易被海洋生物误食。此外，海洋生物还可通过摄食其他动物而间接吞食微塑料。微塑料对海洋生态系统的影响过程和机制十分复杂。一方面，微塑料对海洋生物具有一定的毒性效应，微塑料本身溶出物质可能会对生物的发育造成影响，同时塑料本身也会对生物组织造成物理伤害，从而影响海洋生物的正常生长、发育和繁殖。例如，PVC、PS 和 PC 可释放有毒单体，导致无脊椎动物的

生殖异常和癌症，并对啮齿目动物和人类也会产生影响。另一方面，微塑料被生物误食之后，当该生物被上一级食物链的生物捕食之后可沿食物链传播和富集，加大对生物的伤害过程。最后，微塑料表面能够吸附一定浓度的化学污染物，这些化学污染物对生物的健康往往是有害的（图 7-3）。

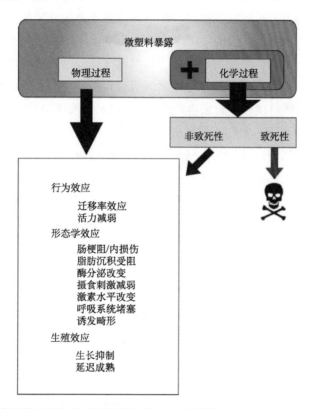

图 7-3　微塑料物理和化学过程暴露的潜在影响概括图（改自 da Costa et al., 2017）

## 7.6.2　冰冻圈污染物的二次释放

自工业革命以来，人类活动排放的污染物通过大气环流传输到偏远的冰冻圈。因此，冰冻圈是人类活动释放大气污染物的"储存库"，可将当今和历史时期远距离传输的大气污染物封存在雪冰中。随着全球气候变暖加剧，冰冻圈快速消融，其储藏的污染物也随着冰川融水快速释放，即所谓的污染物"二次释放"。一些有毒污染物（如重金属和POPs 等）的二次释放，将可能对冰冻圈融水补给的河流下游地区生态环境产生潜在影响，所导致的环境污染风险不容小觑。

因此，在全球升温和冰川加速消融的背景下，冰冻圈区域的有毒污染物将会产生一系列"沉降—重新释放—再沉降—融水释放"等微观物理和生物化学过程，这些污染物的来源、传输、迁移转化和富集等环境化学过程直接影响污染物"二次释放"对冰冻圈生态环境。本节侧重以冰冻圈汞污染为例，介绍冰川和冻土中汞的"二次释放"的环境效应。

冰川具有"高寒高冷"的气候环境特点，使得冰川极易捕获大量大气污染物，而在气候变暖背景之下冰川汞污染物极易被大量释放。在消融季节，冰川末端融水中总汞及冰川冰中总汞浓度较高，在青藏高原某些流域冰川融水总汞浓度甚至与一些大城市降水汞含量相当。在过去 40 年内，中国西部冰川已通过冰川融水释放出约 2500 kg 汞污染物进入下游生态系统。冰川低海拔消融区冰尘对气温变化非常敏感，能够加速冰尘对颗粒态汞污染物的富集。低温环境下的冰尘积聚区极有可能是汞甲基化的新场所。通过定量估算，我国西部冰川区每次冰尘形成将产生约 34.3 kg 总汞和 0.65 kg 甲基汞，冰尘总汞年产量甚至占到每年冰川融水释汞量（62.5kg）的一半以上。如果考虑冰尘汞的贡献，我国西部冰川区对大气汞污染物的存储和释放将远超过以往估算的量值。

冰川融水是其下游地区生态系统淡水的重要来源，冰川融水的淡水补给对西部干旱区经济、社会发展至关重要。然而冰川不仅是全球淡水资源的临时储库，同时是大气污染沉降物质的存储库。冰/雪融水已被证实是冰川补给区水生生态系统中有毒物质的潜在来源。鉴于近几十年来青藏高原山地冰川不断消融与退缩，在全球变暖的背景下，未来冰川退缩和消融的速度将不断加快。随着全球变暖速度不断加剧，历史时期积累的冰川将大量消融，其向下游生态系统释汞量将不断增加。这些冰川释放的汞随冰雪融水进入下游生态系统中，进而可能对以冰川融水补给为主的下游区域的生态系统及人类健康构成潜在威胁。

多年冻土区也储存了大量汞污染物。北半球多年冻土区汞储量约为 1600 Gg，是其他土壤、海洋、大气中汞储量的近两倍。在全球变暖的背景下，多年冻土退化可加速有机碳及与其紧密结合的重金属元素（如汞）的活化及向其他环境介质的释放（如海洋、湖泊和大气等），增强环境汞暴露风险。例如，多年冻土退化所引起的热融湖塘形成，可引起土壤汞向湖泊等水体释放。在热融湖塘形成过程中，被淹没土体汞储量显著低于未经沉陷和淹没土体的汞储量，表明多年冻土在经历侵蚀和淹没后，40%～95%的汞活化且释放至湖泊水体中。在北极多年冻土区广泛分布的育空河流域，其汞的输送通量显著高于北半球其他主要河流汞的输送通量，表明在气候变暖的影响下，多年冻土退化引起的汞活化及向水体的释放，可能是多年冻土区河流汞输送的重要来源。此外，在多年冻土退化过程中，伴随着冻土温度升高，有机质分解加快，地表向大气释放的汞通量将会增加。青藏高原典型多年冻土区活动层汞储量对多年冻土退化的响应显著，在由极稳定型多年冻土至极不稳定型多年冻土退化过程中，0～60 cm 深度活动层土壤汞储量损失约33%。在多年冻土退化过程中，地表土壤向大气释放的汞通量增加是汞损失的重要途径之一。

# 思 考 题

1. 试述雪冰中黑碳的气候效应。
2. 气候变暖背景下多年冻土碳源汇效应是如何表现的?

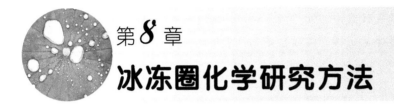

# 第8章
# 冰冻圈化学研究方法

以冰冻圈多环境介质为研究对象，进行野外观测和样品采集是开展冰冻圈化学的基础，旨在通过冰冻圈介质的化学成分分析揭示其环境变化及意义。早期的冰冻圈化学研究针对冰冻圈单个要素（诸如冰川（含冰盖）、积雪、冻土、河冰、湖冰、海冰以及古冰缘地貌等）进行采样分析，其指标较为常规，所揭示的环境内容也较为单一。随着冰冻圈化学与地球环境化学等学科的发展和交叉日渐紧密，针对冰冻圈各环境要素的实验室分析技术在采样流程、样品处理、实验室分析理论及技术等方面均日益成熟和完善，先进的理论和方法逐步应用于冰冻圈环境样品的理化参数分析。随着检测精度的提高、仪器设备的快速更新以及分析方法的创新，冰冻圈化学在研究介质、参数及内容等方面均趋于集成化和多元化，其研究迎来了新的发展机遇。按照冰冻圈要素形成发育的动力、热力条件和地理分布，地球冰冻圈划分为陆地冰冻圈、海洋冰冻圈和大气冰冻圈，本章据此进行取样和观测说明。

## 8.1 野外观测与采样

### 8.1.1 陆地冰冻圈

陆地冰冻圈由发育在大陆上的各个要素组成，包括冰川（含冰盖）、积雪、冻土（含季节冻土、多年冻土和地下冰，但不含海底多年冻土）、湖冰和河冰。目前的主要工作集中于对冰川、积雪和冻土的研究，其采样主要分为钻探和坑探两种。钻探技术是指以获取一定深度内物质量作为研究介质的野外勘探技术，所钻取物质可用于实验室内各项理化参数的分析测量；同时，通过钻探还可获得研究对象表层以下较深连续观测剖面，用于各项深部观测研究。坑探技术是指以获取研究对象垂直观测剖面或较浅深度处研究介质的野外观测与勘探技术。针对不同的应用对象，钻探与坑探技术的特点又不尽相同，本节将分别进行说明。

### 1. 冰芯取样及观测

#### 1）冰芯取样

在冰川垭口/粒雪盆或冰盖分冰岭处，通过人力摇动、机械转动和热力下融的方式自上而下获取连续的圆柱状冰芯，同时得到一定深度的钻孔用以观测研究。其中，人力手摇或机械钻取技术是依靠人力或机械旋转中空钻筒，通过钻筒下端的切刀，旋转下切粒雪或冰层，而保留提取钻筒内部的雪冰样品，提取后用于各项理化参数的分析测定。通常，人力手摇钻所钻取的冰芯深度相对较浅（20 m 以内）。冰芯机械钻取装置整体长度相对较短且保持不变，动力发生装置整合于钻头内部，通过电缆与冰面上电力和起降装置连接，随钻探过程不断上下往复于冰川表面与钻孔内。冰芯热力钻取技术则通过电力加热钻筒下端的环状热力钻头，从而融化钻头表面所接触的雪冰，实现垂直钻进。由于热钻头的环状加热构造，热钻在下融冰体时，只融化圆环状融化钻头所接触的冰体，随热钻头的不断下融，其中间留存的圆柱状冰将进入中空钻筒，并被提取用于各项理化参数的分析测定。热力钻取装置的整体结构设计理念与冰芯机械钻相似，即钻取装置整体长度较短且保持不变，依靠电缆实现电力传输及传动在冰川钻孔内的升降。

受人力手摇、机械和热力钻探技术各自工作原理差异影响，人力钻探主要用于浅冰芯样品的钻取；机械钻探主要用于大陆型冷性冰川深冰芯样品的钻取；热力钻探装置则通常应用于海洋型暖性冰川深冰芯的钻取。当前，美国、欧洲国家及日本均具备千米以上深冰芯钻取技术。

#### 2）冰芯观测

冰芯在钻取的过程中需要对不同层位的雪冰性状（粒雪、粒雪冰及冰川冰）和污化层等进行人工判读和记录；同时要对其进行称重和体积估算，从而求得冰川冰的密度，这些指标的观测对于冰芯定年具有重要意义。

#### 3）冰芯前处理及分样

钻取的冰芯在冷冻状态下转运至实验室，并保存于−20℃存储冷库直至开展样品制备。冰芯样品制备主要分为传统机械分样及连续融化分析手段（CFA/CMA）。传统机械分样在低温（−5℃）净化环境下，利用切分机按照不同需求长度连续切样，同时进行人工外污层剥离，剥离的外层样品主要用于测试 β 活化度及氢氧稳定同位素（$\delta^{18}O$ 和 $\delta D$）等指标分析。没有污染的冰芯内层用于分析痕量化学指标。连续融化分析手段主要分为野外便携式和室内处理式两种。一般由融化头/腔、恒温加热装置、蠕动泵、除泡器、分流管及编码器组成。CFA 可在寒冷环境下（−20～−15℃），沿冰芯轴向分内外层连续融化冰样，内层冰样融化后的水样通过蠕动泵直接在常温环境下用于在线分析。该系统具有样品处理连续、速度快和有效降低二次污染等优势。CFA 的设计理念充分兼顾平衡了样品高分辨率、连续不混合、恒温融化、恒速输送及内外层分离等需求，目前已在南北两极冰芯中成功应用。

### 2. 雪坑取样及观测

对雪坑采样主要依托台站或者通过短期科考方式完成，需注明基本取样信息（如时间、地点、编号等）。雪坑的数量视观测目的及冰川规模而定。在考察时，雪坑按冰川中轴线自下而上按一定高度布设，其具体高度视冰川表面地形而定。在定位观测时，还可在横向上布设数个雪坑。每个雪坑都必须标注其位置参数（海拔、经纬度），其编号应与其附近的测杆一致，并记录测杆的读数，以便于以后再次观测时了解雪面的变化情况。冰川上的雪坑取样大多集中在积累区，选择较为平坦的地区进行雪坑挖取，穿着洁净服、手套及口罩，在下风向按一定间隔进行取样，同时进行雪层性状和密度测量。采样结束后，按室内的包装将所有器械包好，以备下次使用。将包装好的样品放入冷柜中，在冷冻状态下运输到实验室处理。

冰冻圈环境介质中化学成分普遍具有含量低、易受采样过程污染等特点，因此在野外观测和取样过程中需要严格遵循操作流程，防止操作过程及所用的器械、容器等带来的污染。野外考察中，可定性地划分积雪干湿程度的等级：干（1级）、微湿（2级）、湿（3级）、很湿（4级）和雪粥（5级）。如有必要，还可以取样到室内做冰的组构分析。在一般路线考察时，可只记录雪坑中雪层的深度、雪型、颜色、密度、相对湿度、相对硬度等，并用雪型符号将其标注在图上。在定位观测雪-粒雪的演变过程时，只需记录雪型。

### 3. 冻土坑探取样及观测

冻土坑探技术一般应用于探测季节冻结深度或季节融化深度、了解多年冻土上限附近地下冰分布特征和浅层冻土的物理参数与化学组分的分析研究。冻土坑探从地表向下挖掘一定宽度及深度（一般在 3 m 以内）的坑槽，现场对坑槽内多年冻土层剖面的多种理化参数进行观察和测量。

（1）颗粒组成分析样品的采集：探坑土壤样品采用分层采样方法，在分层采样时应将该层位上下不同部分都采集到；样品采集量可根据需要来确定，一般原则是样品含砂或砾石较多时，应适当增加样品采集量，确保满足实验分析需要的细粒成分的分量。

（2）容重样品采集：根据用途不同容重样品可按土壤层位采集或按剖面深度等间距采集。容重样品采集通常采用环刀法，而对富含有机质、根系或石砾较多的土壤，则宜采用挖坑法。环刀法采样时应先削平采样部位，再将不锈钢环刀垂直压入（或打入）土层内，拔出环刀并削平环刀两端出露的土壤，擦去环刀外面的土，将土样装入定制的圆形铝盒（一般容积为 120 mL）内封装（可用胶带进行密封，防止水分蒸发散失）并编号，然后在室内进行称重、烘干、计算土壤容重。

（3）理化指标分析样品采集：土壤理化指标分析样品根据土壤发生层位分层采集。

每一发生层的样品取 3 个重复，同一层位的样品为多点混合样。若土层过厚，可在该层的上部或下部各取两个样品。如含较多石块时，应加大取样量。取出的土样分层分别装入布袋内，内装一个标签，外挂一个标签，标签上注明采样地点、日期、层位、样品编号及采集人等。

（4）土壤碳密度样品采集：多年冻土区碳密度的采集主要是按层位或深度取样，采用布袋或自封袋装样品。可以根据岩芯的颜色、质地、含冰量、砾石含量、植物组织含量等情况进行分段采样。采样期间需要用刀具、锤子等工具将岩芯表层剥离，取中间未受扰动的样品，用排水法测定容重，另取部分样品分析含水量。

（5）土壤微生物样品采集：土壤微生物的采集一般选择人为干扰少的地点进行采样，在自然土壤中采集未经人为扰动的土壤作为供试样品。微生物在土壤中的空间分布差异很大，因此采样时应在整个采样地中进行随机多点取样，并按四分法混匀，按研究目的选取一定量土壤样品。微生物样品在采集的时候需要注意防止污染。

### 4. 冻土岩芯取样及观测

#### 1）岩芯钻取

多年冻土钻探作业一般采用岩芯钻机来进行，并对岩芯管内土壤样品进行采集。岩芯管中取芯通常使用锤击钻头、空蹲岩芯管、缓慢泵压退芯或热水加温岩芯管等方法。对取出的岩芯要注意摆放顺序、深度位置及尺寸，并及时编录、取样和试验。钻孔施工时间因钻孔的目的有所不同，一般应选择在每年的 9～10 月份，以确保准确观测到冻土的上限位置和活动层厚度。但在不需要上述数据的前提下，可以选择其他时间。

钻探主要依靠机械动力旋转空心钻杆下端的圆环状钻头，同时下压钻杆，自地表垂直向下钻取一定深度的圆柱状岩土样品（岩芯），用于各项理化参数的测量。钻孔内可以放置无缝钢管或者 PVC 管等密闭防水的管材作为测温管并进行回填，之后在测温管内放置温度探头进行温度测量。

#### 2）岩芯采样

钻孔剖面土层样品一般分为现场测试样品和实验室分析样品两类。现场测试样品主要为含水（冰）量和容重样品；实验室分析样品主要包括土层颗粒分析样品、土层常规岩土参数测试样品和土层理化性质样品。

（1）钻探法取样技术要求：对于冻结岩芯，岩芯采集率在完整岩体和黏性土层大于80%，砂性土不低于 60%，卵砾类土、风化带和破碎带不低于 50%。孔径一般在土层中（含冻土）不小于 130 mm，在岩石中不小于 110 mm 为宜。钻探过程中不应超管钻进，当冻土为第四系松散地层时，宜采用低速干钻方法，每次钻探时间不宜太长，一般以进尺在 0.20～0.50 m 为宜。对于高含冰量的冻结黏性土应采取快速干钻方法，每回次进尺不宜大于 0.8 m。对于冻结的碎块石和基岩，可采用低温冲洗液钻进方法。

（2）含水量样品的采集：剥开岩芯表层受钻进扰动较大的土层，取岩芯中心部位未经钻进摩擦扰动的原状样为宜；对于破碎的松散岩芯，应从中选取成团块状的岩芯；多年冻土层的岩芯应挑选较大的冻块剥去表面污染层装盒。含水量样品的采取应保证各类土层均匀样品，对于冻土样品，在保证土层变化样品的基础上，应该按照含冰量的变化情况采取样品。当土层均匀时，最大取样厚度一般不超过 2 m。

（3）容重样品的采集：冻土容重的现场测试一般采用排水法。为了获取较为准确的容重测试数据，采取容重样品应选取岩芯完整性高、体积较大的冻结样品。将岩芯周围钻探扰动的泥块和污浊物去除后得到容重样品。容重样品尽可能与含水量样品同步采取。

（4）土层颗粒分析样品的采集：颗粒分析样品可在钻探完成后按照土层变化情况从岩芯中采取，取样时应注意将钻探扰动的部分去除。样品一般先装于塑料袋中，然后再装至布袋中。采样时对样品编制含有取样钻孔、土层深度、取样时间的标签。每个样品一般不少于 1 kg。

（5）土层常规岩土参数分析样品的采集：根据研究目的，一些调查需要土层常规岩土参数，如强度、导热系数、冻胀率、融沉系数等。这些样品的采取除了有原状样要求外，一般与采取颗粒分析样品相同，每个样品的数量因实验内容而异，一般不少于 2 kg。

（6）土层理化性质样品的采集：根据任务要求确定采样，一般与颗粒分析样品采取原则相同。在部分调查中，可能要求按照一定的深度采取理化性质分析样品。一般每个样品重量不少于 1 kg。大多情况下，颗粒分析样品、岩土参数样品和理化分析样品可一次性统一采取，在实验室分析中可重复利用。

（7）岩芯中的碳和微生物的取样方法与坑探类似。

### 5. 冰冻圈区域其他介质取样

针对冰冻圈其他环境介质（如泥炭、冰川沉积物、地下冰、地衣、树轮等）开展化学分析，由于其各化学指标含量水平普遍较高，其野外观测和取样方法较为简单。通过野外工作获取样品之后，一般可以在超净条件下完成前处理，直至上机完成测试分析工作。随着仪器分析技术的飞速发展，越来越多的冰冻圈介质中蕴藏的环境化学信息被发掘出来，极大地促进了冰冻圈化学的发展。

## 8.1.2 海洋冰冻圈

海洋冰冻圈包括海冰、冰架、冰山和海底多年冻土。其中，海冰、冰架及冰山冰芯取样与陆地冰冻圈冰芯取样一致，不再赘述，本节着重介绍海底多年冻土取样。海底多年冻土主要分布在南极、北极地区大陆架的海底，沿大陆岸线和岛屿岸线呈连续条带状或岛状分布，其取芯多位于近海岸带且样芯长度有限。由于海底多年冻土相对较暖，随岩性和深度由充分胶结向微冻结变化，因此，常规的陆地取芯是不够的。海底多年冻土的取样开始于 20 世纪 70 年代末，而后少有突破，其取样方式分两种，一种为套管护壁法，即将管筒插入海底，抽除海水，而后使用常规钻机取芯；还有一种通过绳索取芯，该方法是一种不提钻、借助绳索和专用打捞工具从钻筒中把内管及岩芯提至地表的方法。本节以套管护壁法为例进行设备、取样及理化指标说明。

### 1. 设备说明

将钻井液混置在具有大功率混合机的混合箱表面，并转移到位于中心的初次和二次钻井液箱中。然后浆液在隔热液罐和冷却器之间循环，以便达到向下钻取的温度（～9℃），此间，内外层温度有热敏电阻传感器实时监测。当不钻取时，钻井液向下输送，以保持钻孔孔径。回流浆液被振动筛抽取，岩屑收集桶中，分离的浆液被转移到初次钻井液箱，然后通过冷水机抽至二次钻井液箱，再回到钻孔内。该钻机的液压系统对钻头进出速度和钻孔孔径的大小控制有足够的安全裕度。电缆设计的承重能力足以使电缆从孔中移除，如此大大加快了往返的速度。钻取设备的关键是浆液冷却器，通过振动台从孔中抽除悬浮物。

在盐水基础上选择油基钻井液，以消除取样岩芯和孔壁的冰被盐水中的游离盐侵蚀。在钻井液制备初期，没有足够的热量和切变来完全激活乳化包层，从而保证亲有机黏土的产量。加入重晶石增加密度，从而乳化稳定性下降，重晶石沉积物发生。为了解决这一问题，在混合装置上采用更高的剪切力，从而增加压力。剪切压力越高，泥浆温度越高，乳化稳定性、屈服点、凝胶和钻井密度越高。切变压增加改变了水分子结构，从而实现了稳定的乳液状。热剪切作用对钻井泥浆的建立尤为重要，因为钻井液一旦进入保温泥浆槽和冷却器，就不会发生热剪切作用。增加的 Technisurf 是一种表面活性剂，用于减少混合物的浆液润湿，它的加入也有助于稳定浆液系统。每隔 25 m 采集一次切削试样，测定吸油量。定期对钻井液的质量控制和配方进行监测，以确定回程和箱内温度。在岩芯的砂层上安装了一个直径为 3 m、长 3 m 的钢制管道，安装防喷器（BOP）系统以便应对取样时气体和浆液的溢出。在钻井作业区域的岩芯砂上放置了 50 mm 聚氯乙烯衬垫，从而确保泄漏的钻井液不污染样品，随后予以清除。从振动筛中收集的岩屑和从岩芯中收集到的污染沙层被储存至桶中，而后在焚烧炉中处理，作为一般填充物重新使用。剩余的井液储存在罐中，随后被焚烧。

### 2. 取样流程

（1）确定样品次序，插入合适的岩芯钻管垫。

（2）终止取芯进尺，确定长度。

（3）岩芯钻管被拉至表层，同时测量钻孔底部冰样温度。

（4）样品被去除至溢出盘，同时使钻井液留于孔内。

（5）岩芯采取率记录，同时用吸收沉淀去除可见浆液。同时迅速确定土壤类型、样品长度及样芯质量。

（6）依据样品质量确定哪些先被保存、哪些需要现场测试。

（7）未处理前的样品描述及切分，用清洁的塑料袋包裹而后插入保护套管。所有套管需标明深度、数量及顶、底信息，然后冻存。

3. 理化指标

（1）海底多年冻土的深度、厚度及分布，包括充分冻结、部分冻结、微冻结及未冻结地层。

（2）指标参数的详细岩性判读。

（3）孔隙冰、过量冰及解冻相变。

（4）影响温度和冻结水量分布的孔隙水盐度。

（5）地温曲线。

（6）热导率、潜热及比热。

（7）力学和固结组分。

（8）蠕变特性。

（9）孔隙流体源、孔隙冰的晶体结构及生物地层学测试等工程指标。

## 8.1.3　大气冰冻圈

大气冰冻圈主要指大气圈内处于冻结状态的水体，包括雪花、冰晶等，大气冰冻圈也属于气象学范畴。其监测以在线监测为主，主要对象是颗粒物和痕量组分。目前，大气冰冻圈探测方法有卫星遥感、探空气球、探空火箭和激光雷达等技术手段。探空火箭和探空气球的探空成本费用较高，且探测资料比较有限，卫星遥感的数据虽然可覆盖全球，但其空间分辨率及数据精度相对较低。

1. 激光雷达

激光雷达探测的基本原理是激光与气体分子或悬浮在大气中的微粒进行相互作用，系统接收作用后的激光雷达回波信号，通过分析回波信号反演出待测的大气参数。由于波长较短，且激光光束的指向性较高，激光雷达具有很高的探测灵敏度和空间分辨率，其时空分辨率可分别达数分钟和数十米量级，可根据大气现象研究的需要进行时间空间分辨率的改变，可在夜间对中层大气进行连续不间断的观测。通过激光雷达观测网络和星载激光雷达，可以获得大空间尺度持续的四维大气信息，满足环境、气象和气候研究的需要。

目前激光雷达观测网主要有：全球大气成分变化监测网（network for the detection of

atmospheric composition change，NDACC）、全球大气气溶胶激光雷达观测网（the global atmosphere watch（Gaw）　aerosol lidar observation network，GALION）、欧洲气溶胶研究激光雷达观测网（the European aerosol research lidar network，EARLINET）、亚洲沙尘激光雷达观测网（the Asian dust and aerosol lidar observation network，AD-NET）、美国东部大气气溶胶激光雷达观测网（a regional east atmospheric lidar mesonet，REALM）、美国微脉冲激光雷达观测网（the NASA micro-pulse lidar network，MPLNET）、独联体激光雷达观测网（atmosphere aerosol and ozone monitoring in CIS regions through lidar network，CIS-LINET）等。激光雷达观测网可以获得大面积的空间覆盖，获得区域和全球范围大气廓线探测数据。

### 1）NDACC

NDACC 主要用于观测和研究对流层上部、平流层、中间层的物理化学状态的变化，并评估这种变化对对流层下部以及全球气候的影响。主要的激光雷达技术包括瑞利散射测温技术、瑞利−拉曼散射测气溶胶和云技术、差分吸收测臭氧技术。此外还有拉曼测水汽技术、拉曼测温技术、偏振−拉曼测云和气溶胶技术等。

### 2）GALION

GALION 的主要目标是基于全球不同地区已经存在的和正在发展的许多大气气溶胶激光雷达观测网，逐步形成具有足够的空间覆盖、高时空分辨率和观测精度的全球观测网，获得大气气溶胶各种参数及其垂直分布及时间演变特征，星载激光雷达的探测验证与资料补充。GALION 是在全球尺度上观测气溶胶关键参数的四维分布，大气气溶胶参数包括：特定波长上的后向散射和消光系数、激光雷达比、Angstroms 系数和退偏振比的垂直廓线以及吸收和单散射反照率的垂直廓线、微物理性质（例如体积和表面浓度、尺寸分布参数、折射率）等。

### 3）MPLNET

MPLNET 于 2000 年正式运行，用来不间断、不分白天黑夜、长期地测量气溶胶和云垂直结构，并为地球观测系统（EOS）的卫星传感器和相关的气溶胶建模工作提供地面验证、为 NASA 的星载激光雷达 GLAS/ICESat 和 CALIOP/CALIPSO 的数据提供地基验证与校准。每个站点都配备的微脉冲激光雷达具有结构紧凑、频率高、能量低和人眼安全的特点。MPLNET 一些站点的激光雷达增加了偏振检测技术。

### 4）CIS-LINET

CIS-LINET 是在独联体境内建立的一个激光雷达网络，观测大气气溶胶和臭氧，并与 EARLINET、ADNET 与 AERONET 合作，对气溶胶与臭氧进行检测与追踪，研究欧亚大陆的大气变化趋势。主要的激光雷达是三波长（355 nm、532 nm、1064 nm）拉曼（387 nm、607 nm）激光雷达，一些雷达还配有偏振测量通道。站点中设有辐射计配合激光雷达工作。

### 2. 其他遥感技术

直接取样进行化学或光谱分析，是常规的监测手段，但难以满足局地成分的空间分布和全球性的成分测量。遥感手段具有监测尺度大、频率高等优点。成分遥感监测需要解决两方面问题，即成分的识别及其浓度的定量测量。所有的成分遥感监测都要利用微量成分各自的吸收光谱、发射光谱以及拉曼散射光谱等，而且要事先测定其强度。同时，考虑到大气环境中存在着各种成分，某一成分所选的波段应该避免与其他成分的谱相混淆，尽可能选择孤立的特征谱。例如，$O_3$ 在紫外区有丰富的吸收带，在红外和微波段亦有吸收带。除可见光段吸收线较少外，一些成分在红外和微波段都有吸收带，而且可以精确的测定。在红外段，水汽有丰富的吸收带，特别是整个远红外段，由于水汽的强吸收，大气完全不透明了。因而对整层大气的成分遥感来说较有利的是中红外段。但是在平流层中层，水汽含量极少，因而远红外段亦可以利用。至于微波段，除氧气有 5 mm 吸收线和 0.253 mm 吸收线，水汽有 1.348 cm 和 1.64 mm 两条吸收线，许多其他成分在 1～3 mm 段有不少吸收线可以利用。大气微量成分遥感中另一个突出问题是定量问题。所要探测的成分量极小，在空气中的混合比往往小到 $10^{-5}$～$10^{-10}$，微量物质无论发射和吸收都是很微弱的。

#### 1）平流层成分遥感

平流层实现成分遥感的主要方法是采用了临边观测，即观测仪器作近地平的低仰角观测。这种情况下利用太阳光作吸收法，观测时由于所取光程可以几十倍于垂直气柱的光程，从而可求得路径上的某成分总量及平均值。采用发射法时情况也一样，由于光程大大加长，发射贡献足以测量得到并反演成分。采用几个不同的低仰角作观测，则可以反演得到成分的垂直分布。这种遥感的水平分辨率约 102 km，垂直分辨率为 2～3 km。这样的分辨率对平流层研究来说已经足够了。除临边探测外，在卫星上还采用测量散射法，在地面上采用观测太阳光及其大气散射光来测量 $O_3$ 的含量。

平流层成分遥感采用的主要仪器为光谱仪和辐射计。为了提高识别特定成分排除背景干扰的功能，还在光谱仪内建立该成分的参考源，用它来与外界信号作相关比较，提高测量精度，这就是所谓相关光谱仪或相关干涉仪。

#### 2）对流层成分遥感

除水汽遥感有采用卫星和地面的被动遥感（红外和微波段）外，对流层成分遥感的研究目前都集中于主动式遥感，即利用调谐激光来实现遥感。另外，从目前主要关心的局地污染成分扩散来说，所要求测量的量是中小尺度范围内的浓度分布，需要具有足够高的空间分辨率。而激光雷达技术正具有这方面的突出优点。

气溶胶和云是地球-大气系统的重要组成部分，由于来源和种类繁多，形成和变化机理复杂。传统的卫星光学遥感一般通过可见光短波红外范围的气溶胶敏感波段来探测全球或区域尺度气溶胶和云的特性，但由于观测维度和数据信息有限，往往仅能获得光学指标（如气溶胶光学厚度），对于气溶胶和云的物理特征（如形状、粒径等）则难以有效反演。多角度成像光谱辐射计在多光谱的基础上增加了多角度观测，可以估算气溶胶类型的部分参数。与强度观测相比，偏振观测反映了太阳辐射在气溶胶和云的散射吸收作用下的方向特性，偏振对气溶胶和云粒子的形状、大小等更深层次的物理特征有更好的敏感性。偏振与多光谱、多角度观测相耦合，已经成为云和气溶胶卫星遥感探测技术发展的重要趋势之一。

### 3）机载环境大气成分探测系统

机载环境大气成分探测系统实现了获取并记录大气气溶胶和云的空间分布信息、大气痕量气体（$SO_2$、$NO_2$、$O_3$ 等）垂直柱浓度空间分布以及大气气溶胶、云的光学和微物理特性参数的功能。机载环境大气成分探测系统由机载大气环境激光雷达、机载差分吸收光谱仪、机载多角度偏振辐射计、主控管理器及网络交换机构成。偏光雷达子系统采集数据后经过算法反演和时间分辨获得大气气溶胶和云的空间分布信息。光谱仪完成对光谱维与空间维的光谱采集工作，实现对大气痕量气体垂直柱浓度空间分布的解析。而多角度偏振辐射计则是获取大气大范围的多角度偏振辐射信息，反演得到环境大气气溶胶、云的光学和微物理特性参数。最后，主控管理器通过计算机网络实现了对三个机载大气探测设备的集中监控和管理。

## 8.2　实验室分析方法

冰冻圈环境介质中样品种类繁多，包括各种冰冻圈要素不同形态（气体、液体、固体）的样品。各种样品中的化学成分又十分复杂，涉及无机化学组分、有机化学组分和同位素物质等。这些组分的含量从常量、微量、痕量到超痕量。冰冻圈化学实验室分析的主要任务是鉴定各成分的组成及含量测定，确定各成分的结构形态及其性质之间的关系。目前，冰冻圈化学实验室分析方法主要基于仪器分析法。仪器分析法是以物质的物理和化学性质为基础，借用较精密的仪器测定被测物质含量的分析方法。仪器分析法具有灵敏度高、准确度高、重复性好、取样量少、操作简便、分析速度快的优点，容易实现自动化、智能化，应用范围非常广泛。本节以仪器分析方法的原理进行分类，从色谱分析法、质谱分析法、光学分析法、热分析法、电化学分析法和仪器联用分析法几个方面来简要介绍冰冻圈化学实验室分析常用的一些仪器分析方法的基本原理、仪器构造和方法应用。

## 8.2.1 色谱分析法

色谱分析法是按照物质在固定相与流动相间分配系数的差别而进行分离、分析的方法。色谱分析方法按流动相和固定相的不同，分为液相色谱和气相色谱。

### 1. 离子色谱分析法

#### 1) 基本原理

离子色谱 (ion chromatography, IC) 是高效液相色谱的一种，主要用于阴阳离子的分析。根据分离机制，离子色谱可分为高效离子交换色谱 (HPLC)、离子排斥色谱 (HPIEC) 和离子对色谱 (MPIC)。离子交换色谱是最常用的离子色谱，分离机制主要是离子交换，采用低交换容量的离子交换树脂来分离离子，其主要填料类型为有机离子交换树脂，以苯乙烯二乙烯苯共聚体为骨架，在苯环上引入磺酸基，形成强酸型阳离子交换树脂，引入叔胺基形成季胺型强碱性阴离子交换树脂。

IC 的分离原理是基于离子色谱柱（离子交换树脂）上可离解的离子与流动相中具有相同电荷的溶质离子之间进行的可逆交换和分析物溶质对交换剂亲和力的差别而被分离，适用于亲水性阴、阳离子的分离。在离子交换过程中，样品溶液中的离子与固定相（色谱柱）的离子交换位置之间直接进行离子交换（即被保留在色谱柱上），然后被流动相（淋洗液）的淋洗离子置换，并从柱上被洗脱。对树脂亲和力弱的分析物离子先于对树脂亲和力强的分析物离子依次被洗脱从而得到分离。IC 的检测原理为大多数电离物质在溶液中会发生电离，产生电导，通过对电导的检测，就可以对它的电离程度进行分析。由于在稀溶液中大多数电离物质都会完全电离，因此可以通过测定电导值来检测被测物质的含量。

#### 2) 仪器构造

离子色谱仪由淋洗液系统、色谱泵系统、进样系统、流路系统、分离系统、化学抑制系统、检测系统和数据处理系统等组成。其工作流程是：输液泵将流动相以稳定的流速（或压力）输送至分析体系，在色谱柱之前通过进样器将样品导入，流动相将样品带入色谱柱，在色谱柱中各组分被分离，并依次随流动相流至检测器。抑制型离子色谱则在电导检测器之前增加一个抑制系统，即用另一个高压输液泵将再生液输送到抑制器，在抑制器中，流动相的背景电导被降低，然后将流出物导入电导检测池，检测到的信号送至数据系统记录、处理或保存。

电导检测是离子色谱最主要的检测方式，因为它对水溶液中的离子具有通用性。电导检测中，主要是化学抑制型电导。化学抑制型电导检测法中，抑制反应是构成离子色谱的高灵敏度和选择性的重要因素，也是选择分离柱和淋洗液时必须考虑的主要因素。离子色谱的选择性反映被检测离子与淋洗离子在固定相上的交换能力。在离子色谱中，因为离子色谱的主要检测器是电导，需要在低电导背景下检测样品离子，因此流动相的选择受到限制，选择性主要是通过固定相的改变来完成。离子色谱柱对溶质的保留性能主要由离子交换树脂的组成、疏水性和柱容量决定。流动相影响分离选择性的因素主要有淋洗液的种类、浓度、pH 值、非离子型淋洗液改进剂与洗脱方式。

### 3）方法应用

IC 具有选择性好、灵敏度高、无污染、快速、简便，可同时测定多组分的优点。离子色谱分析方法主要应用于雪冰、河水和湖水等样品中各种阴、阳离子的分析。目前常用的离子色谱仪可以同时检测样品中的多种组分，对常规 $Cl^-$、$NO_3^-$、$SO_4^{2-}$、$PO_4^{3-}$ 等阴离子和 $Ca^{2+}$、$Mg^{2+}$、$Na^+$、$K^+$、$NH_4^+$ 等阳离子可在 10 min 左右完成分离和检测，检测限小于 10 μg/L，定量主要采用外标法。

## 2. 气相色谱分析法

### 1）基本原理

气相色谱法（gas chromatograph, GC）是以惰性气体（载气）作为流动相，以固定液或固体吸附剂作为固定相的色谱法。以固定液作为固定相的色谱法称为气液色谱法，以固体吸附剂作为固定相的色谱法称为气固色谱法。GC 的分离原理是固定相为表面积大且具有一定活性的吸附剂。当载气把被分析的气态混合物带入装有固定相的色谱柱时，由于各组分与固定相间发生吸附、脱附或溶解、离子交换等物理化学过程，使各组分在载气和固定相间分配系数有差异。经反复多次分配，不同组分在色谱柱上移动速度不同，使各组分得到分离。然后各组分按先后次序依次流出色谱柱被检测器检测。

### 2）仪器构造

各种类型的气相色谱仪均包括五个基本部分：气路系统、进样系统、分离系统、检测系统和数据处理系统。气路系统提供色谱分析所需的载气，即流动相。目前气相色谱仪多采用电子气路控制系统，可对气相色谱仪的压力和流量进行全自动控制。进样系统包括进样器和气化室，进样器将样品定量引入色谱系统，使之瞬间气化，并用载气将气化样品快速带入色谱柱。分离系统主要包括填充柱和温控系统。填充柱内装填固定相，温控系统主要用来控制柱温箱、气化室和检测器的温度。检测系统可检测经色谱柱分离的组分并转化成电信号，经微电流放大器放大后送到数据处理系统。常用的检测器有热导检测器（TCD）、氢火焰离子化检测器（FID）、电子捕获检测器（ECD）和氮磷检测器（NPD）等。数据处理系统用来处理检测器输出的信号，给出分析结果。目前气相色谱仪主要采用功能强大的色谱数据工作站，可以编辑方法、采集数据并完成后续积分、定量等功能。

3）方法应用

GC 由于具有分离效率高、灵敏度高、分析速度快等优点，已被广泛用于能源、化工、制药、食品等领域微量有机污染物的检测，也用于冰冻圈环境介质中有机物的分析检测，如冰芯中痕量温室气体（如 $CH_4$、$CO_2$）和持久性有机污染物的定性定量检测。

## 8.2.2 质谱分析法

质谱分析法是通过测定待测样品离子的质荷比来进行物质的定性、定量及确定结构的一种分析方法。按研究对象的不同，质谱分析主要包括同位素质谱、无机质谱和有机质谱分析。

### 1. 稳定同位素质谱分析法

1）基本原理

稳定同位素质谱法（stable isotope ratio mass spectrometry, SIRMS）主要用于检测质量数小的元素（如 H、O、C、N、S 等）的稳定同位素组成。由于它是把样品转化成气体才能测定，所以又叫气体稳定同位素比质谱法。SIRMS 的基本原理是首先将样品转化成气体（如 $CO_2$、$N_2$、$SO_2$ 或 $H_2$）。在离子源中将气体分子离子化，接着将离子化气体打入飞行管中。飞行管是弯曲的，磁铁置于其上方，带电分子依质量不同而分离，含有重同位素的分子弯曲程度小于含轻同位素的分子，导致不同质量同位素的分离。在飞行管的末端有一个法拉第收集器，用以测量经过磁体分离之后，具有特定质量的离子束强度。以 $CO_2$ 为例，需要有三个法拉第收集器来收集质量分别为 44、45 和 46 的离子束。不同质量离子同时收集，从而可以精确测定不同质量离子之间的比率。实际测定中，不是直接测定同位素的绝对含量，因为这一点很难做到；而是测定两种同位素的比值，如 $^{18}O/^{16}O$ 或 $^2H/H$ 等。用作稳定同位素分析的质谱仪是将样品和标准的同位素比值作对比进行测量。

2）仪器构造

稳定同位素质谱仪主要包括进样系统、离子源、质量分析器和检测器四部分，此外还有电气系统和真空系统支持。进样系统是把待测气体导入质谱仪的系统。它要求导入样品但不破坏离子源和分析室的真空。离子源的作用是将被分析的物质电离成正离子，并将这些离子汇聚成一定几何形状和一定能量的离子束。质量分析器是将由离子源加速出来的不同质荷比（$m/z$）特征的正离子束按其质荷比的大小进行分离。检测器由离子接收器和放大测量装置组成，接收来自质量分析器的具有不同质荷比的离子束，并加以放大和测量，以实现同位素测定。法拉第筒形接收器是最为常用的检测器，主要由狭缝、二次电子干扰抑制器和法拉第杯三部分构成，稳定同位素质谱仪至少有 3 个以上的法拉第杯。

3）方法应用

稳定同位素质谱分析已有 70 年历史，是经典常用的方法，具有测试速度快、结果精确和样品用量少的特点。广泛应用于地球化学、生态学、环境科学等领域各种元素同位素质量和浓度的测定以及物质成分和结构分析。SIRMS 也常用于冰冻圈环境介质中水体样品中氢氧同位素的测定，与碳氮元素分析仪配套使用可以测定植物和土壤中碳氮同位素。

### 2. 热电离质谱分析法

#### 1）基本原理

热电离质谱（thermal ionization mass spectrometry, TIMS）是采用热表面电离型离子源用做同位素分析的质谱。其原理是经分离纯化的样品涂覆在 Re、Ta、Pt 等高熔点、高功函数金属带或金属丝表面，在金属带加热到特定温度的过程中，样品发生蒸发，其中一部分原子或分子失去或得到电子从而发生电离。离子经聚焦和加速后进入质量分析器，在垂直于离子运动方向的磁场洛伦兹力的作用下，不同质量的离子经偏转、分离、聚焦，形成按质荷比排序的离子束。这些不同质量的离子束可以由小到大按时间先后次序进入单一接收器进行脉冲计数测量；也可以同时进入相应的多接收器进行同时测量。质量分析器分离的离子束经检测器接收、放大、模数转换、数据处理和信息获取等实验过程，给出被测量元素的同位素丰度或丰度比。

#### 2）仪器构造

热电离质谱仪主机由离子源、质量分析器、离子检测器组成，附属设备包括真空系统、仪器控制系统和计算机系统。离子源包括用于样品蒸发、电离的带机构和一组离子光学透镜。质量分析器通常采用方向聚焦和磁性质量分析器。离子检测器是质谱仪的重要组成部分，直接制约仪器灵敏度、精度和准确度。用来接收离子的器件包括法拉第杯、二次电子倍增器、通道式电子倍增器和 Daly 探测器等。真空系统为离子源、质量分析器和检测器提供高真空、超高真空工作环境，包括机械泵、钛离子泵、分子泵、真空管、真空度测量仪等。

#### 3）方法应用

TIMS 是元素同位素丰度测量的经典方法，测量结果直接给出同位素丰度或丰度比，该法的主要优点是测量值精度高、谱线简单、干扰少。TIMS 广泛应用于地质科学、核科学、环境科学等领域，也应用于冰冻圈环境介质中各种样品的 Pb、Sm、Sr、Nd 等元素同位素的分析。

### 3. 电感耦合等离子体质谱分析法

#### 1）基本原理

电感耦合等离子体质谱（inductively coupled plasma mass spectrometry, ICP-MS）的基本原理是样品通过进样系统被送进 ICP 离子源中，在高温等离子体中样品被蒸发、解离、原子化和电离，绝大多数金属离子成为单价离子，这些离子以超声波速度通过采样锥和截取锥进入高真空的质谱部分。离子通过接口后，在离子透镜的电场作用下聚焦成离子束并进入四级杆质量分析器或双聚焦质量分析器，质量分析器根据金属离子质荷比的不同将其依次分开。分离后的离子最后由离子检测器（电子倍增器）进行检测，根据元素质谱峰强度测定样品中相应元素的含量。

#### 2）仪器构造

ICP-MS 仪器主要由高频（RF）发生器、ICP 离子源、样品引入系统、接口和离子光学系统、质量分析器、检测和数据处理系统、计算机系统和支持系统（真空系统、冷却系统、气体控制系统）组成。RF 发生器是 ICP 离子源的供电装置，用来产生足够强的高频电能，并通过电感耦合方式把稳定的高频电能输送给等离子炬产生等离子体。ICP 离子源是利用高温等离子体将分析样品的原子或分子离子化为带电离子的装置。接口系统是将常压、高温的等离子体的样品离子有效传输到低压（真空）、常温、洁净环境的质量分析器之间的结合部件，主要是采样锥和截取锥。位于截取锥后面高真空区的离子光学透镜是将来自截取锥的离子流聚焦到质量分析器。质量分析器是将带电离子按不同质荷比（$m/z$）分开，按 $m/z$ 大小顺序组成质谱。检测器接受质量分析器分开的不同 $m/z$ 离子流，离子流经放大、模数转换，输出结果。计算机系统对上述各部分的操作参数和工作状态进行实时诊断、自动控制及采集的数据进行科学计算。多级真空系统由机械泵和分子涡轮泵组成，通过压差抽气技术实现质谱分析工作所需的真空度。冷却系统包括排风和循环水系统，其功能是排出仪器内部的热量。气体系统主要提供稳定的高纯氩气作为样品气、辅助气和冷却气。

#### 3）方法应用

ICP-MS 具有高灵敏度、低噪声、干扰少、线性范围宽、检测限低、多元素同时测定和离子传输效率高的特点，使其成为公认的最强有力的元素分析技术。自 1983 年第一台商品化仪器应用以来，ICP-MS 技术发展相当迅速，已广泛应用于地质、环境、高纯材料、生物、医药、冶金、石油、农业、食品等众多领域。由于 ICP-MS 对痕量和超痕量元素良好的检测能力以及图谱的简单易识，已广泛应用于山地和极地雪冰痕量重金属元素的测试（如 Al、V、Mn、Co、Th、Cu、Zn、As、Cd、Sn、Sb、Tl、Pb、Bi、U、铂族元素（Pd、Pt、Rh、Ir）、稀土元素、Hg 等）。对一些浓度较高（低至 $10^{-12}$ g/g 量级）的山地雪冰、湖水和河水样品中重金属的分析，四级杆 ICP-MS 的灵敏度和检出限就可以满足要求。而对浓度极低（低至 $10^{-15}$ g/g 量级）的极地雪冰样品超痕量重金属的分析，需要采用高分辨率和高灵敏度的双聚焦扇形场 ICP-MS 才能进行检测，必要时采取样品预浓缩提高浓度以及 ICP-MS 与膜去溶进样系统联用来提高灵敏度的方法实现对超痕量元素的检测。

### 4. 多接收电感耦合等离子体质谱分析法

#### 1）基本原理

多接收电感耦合等离子体质谱（multi-collector-inductively coupled plasma mass spectrometry, MC-ICP-MS）是一种多接收器 ICP-MS。1992 年 Walder 和 Freedman 研发了 MC-ICP-MS。第一台商品化的 MC-ICP-MS 是英国 VG Elemental 公司研制的 Plasma 54。MC-ICP-MS 的基本原理与单接收 ICP-MS 相似，只是 MC-ICP-MS 在测定同位素比值时，不同的同位素离子束能够被同时检测，从而减少或消除检测时间不同对同位素比值的影响，可得到高精度的同位素比值测量结果。

#### 2）仪器构造

MC-ICP-MS 由 ICP（离子源）、ESA（静电分析器）、MC（多接收检测器）三大部分组成。ICP 部分在高频电磁场的作用下产生高温等离子体，使样品气溶胶发生蒸发-解离-原子化-离子化等一系列变化，最后形成待检测的阳离子。ESA 部分包含加速电场和静电分析器等，ESA 位于磁场之前（单接收 ICP-MS 的 ESA 位于磁场之后），只有符合一定动能要求的离子才可通过。MC 部分包含磁场、多接收法拉第杯（检测器）等，具有不同质荷比的阳离子进入磁场后在洛伦兹力的作用下发生偏转，最后进入不同的法拉第杯进行检测，输出待测元素的同位素比值。

#### 3）方法应用

MC-ICP-MS 与传统经典的 TIMS 相比，具有测量速度快、操作简便、灵敏度高、样品用量少等优点，而且很好地解决了部分高电离元素同位素测量难题。此外，MC-ICP-MS 能与多种进样方式联用，同时满足溶液测试和固体原位分析的要求，且在消除基体干扰、降低检测限等方面获得了很好效果，并因其独特的技术优势发挥着越来越重要的作用，广泛应用于地质、核材料、生命科学、生态环境和公共安全等领域。

### 5. 高分辨率飞行时间气溶胶质谱法

**1）基本原理**

高分辨率飞行时间气溶胶质谱仪（high resolution time-of-flight aerosol mass spectrometry, HR-ToF-AMS）的基本原理是环境气溶胶离子经过一组特制的空气动力学聚束装置被聚成一束后，通过一个斩波器（chopper）进入一个固定长度的真空粒子飞行室（flight chamber），粒子经过斩波器后进入真空飞行室时会受两端气压差影响得到一个初始速度，而不同粒径的颗粒物速度不同，通过记录颗粒的飞行时间即可计算粒径大小。随后对目标粒子进行热蒸发和电子轰击电离后进入质谱，得到非难熔粒子的化学质量谱。HR-ToF-AMS 分为飞行距离较短的 V 模态和飞行时间较长的 W 模态，V 模态由于飞行距离短所以离子损失少但分辨率高，W 模态则对离子碎片损失较大但对离子碎片的分辨率较高，能够区分同一质荷比下不同的离子碎片。

**2）仪器构造**

HR-ToF-AMS主要包括气溶胶采样口、离子透镜（V-mode 和 W-mode 两种操作模式）、粒子粒径真空腔和粒子组成多通道检测器。

**3）方法应用**

高分辨率气溶胶质谱可以用于实时、在线测量粒径在 0.04～1 μm 的环境气溶胶离子中挥发性和半挥发性化学物质的化学组成以及粒径分布，而且可以提供丰富的气溶胶质谱和元素组成信息，具有时间分辨率高、外来污染小、分析精度高等优点，成为气溶胶研究的强大工具，主要应用于气溶胶离子的气候效应和生物地球化学循环研究。

## 8.2.3　光学分析法

光学分析法是根据物质发射或吸收电磁辐射以及物质与电磁辐射相互作用来对待测样品进行分析的一种方法。光学分析法主要包括光谱法和非光谱法两类。

### 1. 冷原子荧光光谱分析法

**1）基本原理**

冷原子荧光光谱法（cold vapor atomic fluorescence spectroscopy, CVAFS）是原子荧光光谱法中的一个重要分支，也是目前原子荧光光谱分析方法中唯一具有成功商品化仪器的方法。原子荧光光谱法分析的基本原理是基于蒸气相中基态原子受到特征波长的光源辐射后，其中一些自由原子被激发跃迁到较高能态，然后再次跃迁到低能态或基态，将吸收能量以辐射形式发射出特征波长的原子荧光谱线。各种元素都有其特定的原子荧光光谱，根据原子荧光谱线的强度可测得试样中待测元素的含量。

2）仪器构造

原子荧光光谱仪分为色散型和非色散型两类。两类仪器的结构基本相似，差别在于非色散仪器不用单色器。色散型仪器由激发光源、单色器、原子化器、检测器、显示和记录装置组成。激发光源用来激发原子使其产生原子荧光，有无极放电灯、空心阴极灯、低压汞灯、激光光源等。单色器用来选择所需要的荧光谱线，排除其他光谱线的干扰。原子化器用来将被测元素转化为原子蒸气，有火焰、电热和电感耦合等离子焰原子化器。检测器用来检测光信号，并转换为电信号，常用的检测器是光电倍增管。

3）方法应用

CVAFS 具有灵敏度高、检出限低、稳定性好、线性范围宽且谱线较为简单，干扰少等优势，是目前国际通用的测定各类环境样品中 Hg 含量的方法，其灵敏度优于 ICP-MS，目前广泛应用于冰冻圈环境介质中诸如雪冰、冰川融水、降水、河湖水等痕量汞的测试，检测下限可达 ppt 级。

## 2. 激光同位素比分析法

1）基本原理

激光同位素比分析方法的基本原理是基于波长扫描光腔衰荡光谱（CRDS）技术，通过激光进入谐振腔后透过待测水汽在镜片间反射振荡，伴随激光强度的不断增加，其中少部分光透过镜片到达检测器。当检测器中的光信号达到一定的稳定值后，停止照射激光，体系在检测器方向的漏光将使检测器监测到的光强度随时间按指数规律衰减。由于待测水蒸气同位素能够吸收特定频率的光，所以光衰减到某一确定程度所需要的时间将变短，这个时间差便是气体吸收激光而导致的衰荡时间差，而衰荡时间差的长短与气体的浓度线性相关，因此可以通过被检测同位素的吸收光谱来测量其浓度。

2）仪器构造

CRDS 主要包括激光源、一对高反射镜面形成的光共振腔和光检测器。

3）方法应用

稳定同位素质谱技术是水中氢氧同位素分析的传统方法，随着激光光谱分析技术的发展，光波振荡激光光谱法具有避免前处理化学转化、样品制备简单、分离快速、成本低、样品用量少、携带便携和同时测定水体 $\delta D$ 和 $\delta^{18}O$ 的优点，已逐渐应用于水文、水资源、生态学等领域。

### 3. 激光诱导炽光分析法

#### 1）基本原理

激光诱导炽光法（laser induced incandescence，LII）是对难熔性黑碳进行测量的方法，该方法的代表性仪器为单颗粒黑碳光度计（single particle soot photometer, SP2）。SP2 是利用黑碳的难熔性，使颗粒物逐一通过 1064 nm 波长的激光束，不含黑碳的颗粒物由于不具有强吸光性质，在激光照射下不会气化，而含黑碳的颗粒物由于黑碳的强吸光作用会快速气化并发出白炽光，由仪器内部的检测器测量白炽信号与散射信号，白炽信号的强度与黑碳质量相关，通过白炽信号与黑碳质量的关系反演计算黑碳质量与粒径。由于带有壳层的黑碳颗粒进入激光束后，黑碳吸光后热量首先使壳层气化，之后黑碳核才会气化发出白炽光，因此其白炽信号与散射信号会不同于外混态的黑碳，根据信号特征与米散射模拟能够进一步计算其壳层厚度及核壳比等混合信息。该方法是目前认为黑碳定量误差最小的方法。

#### 2）仪器构造

激光诱导炽光法代表性的仪器是单颗粒黑碳光度计。SP2 主要由激光器、光腔、多通道检测器、真空泵等部件组成。

掺钕钇铝石榴石激光器（neodymium-doped yttrium aluminum garnet，Nd：YAG）是 SP2 的核心部件。激光器发出 1046 nm 强光束，通过高反射率的镜子使激光在腔体内持续运行并保持一定的能量。SP2 的散射检测器，可检测 1064 nm 处的单粒子光散射。散射信号可用于显示单粒子水平的粒径和黑碳混合状态，也可用于检测不含黑碳的气溶胶数量和质量浓度。

#### 3）方法应用

SP2 是一部可以直接测量单个气溶胶颗粒中黑碳（烟尘）质量的仪器，适用于固定或移动式采样。SP2 对元素碳的高灵敏度、快速响应和特异性使其成为检测空气污染源和稀薄大气污染层的首要工具。SP2 主要应用于污染监测、空气质量和能见度、大气和气候研究、燃烧排放、生物质燃烧等领域。通过配置蠕动泵和雾化器，SP2 也可测量雪、冰或水体中黑碳的数量和质量浓度。

### 4. 光衰减分析法

#### 1）基本原理

光衰减法是利用黑碳对光的吸收特性和透射光的衰减程度，获得黑碳气溶胶浓度的方法。黑碳仪通过连续采集颗粒物来测定光的衰减程度，根据颗粒物在 370 nm、470 nm、

520 nm、590 nm、660 nm、880 nm 和 950 nm 波段对光的吸收特性和透射光的衰减程度，获得黑碳气溶胶的浓度。通常将 880 nm 波段下测量的光衰减程度结合质量吸收截面（7.77 m²/g）来计算得到大气中的黑碳质量浓度，因为在该波段下，其他气溶胶的吸收大大减小，对黑碳气溶胶的影响较为微弱，可忽略不计。

2）仪器构造

黑碳仪的结构包括光源、采样室、真空室、采样区检测器和参照区检测器。黑碳仪采用模块化设计并由多个子系统构成，主要的模块和构造包括供电模块、电子电路板、传输接口、气流采集装置和光室测量装置。

3）方法应用

光衰减法黑碳仪器的多波段连续测量可以更好获得气溶胶光学吸收、光学特性、辐射传输、排放源及源解析等多方面信息。通常可以在平行滤带膜上根据不同的颗粒物承载率实现双点位采样，这种方式有效的避免了同一点位颗粒物过载效应。由于颗粒物过载效应会导致黑碳浓度计算的偏差，所以该技术有效的提高了测量和计算的精准度。应用范围主要包括环境空气质量的常规监测、城市和郊区的黑碳浓度测量与排放源解析等研究。

5. NDIR 光谱分析法

1）基本原理

非色散红外光谱法（non-dispersive infrared，NDIR）是通过测量样品中的总有机碳（TOC）被氧化后所产生的 $CO_2$ 的量，从而间接测得 TOC 含量的检测方法。TOC 的氧化通常采用高温催化燃烧氧化法。高温催化燃烧氧化法的测定原理是将一定量水样通入高温炉内的石英燃烧管，使有机物在 900～950℃高温条件下，通过铂、三氧化钴或三氧化二铬等催化剂的催化，使有机物燃烧裂解转化为 $CO_2$，$CO_2$ 可选择性地吸收特定波长范围内的红外线，在既定 $CO_2$ 浓度范围内，$CO_2$ 对于红外线的吸收强度与 $CO_2$ 本身的浓度呈现出正相关性，因此可以测定 $CO_2$ 的含量，进一步测定相应 TOC 的含量。

2）仪器构造

高温催化燃烧氧化-NDIR 光谱总有机碳分析仪主要组件包括进样阀、氧化炉、反应池、非色散红外检测器等部分。

3）方法应用

NDIR 结合高温催化燃烧法只需一次转化，流程简单、检测时间短、灵敏度高、重复性好等特性，且对全部有机物都具有较高的氧化能力，是测定水体中 TOC 含量最成熟的主流方法，也用于湖泊沉积物和湖水、河水、雪冰样品中有总机碳含量测试。

## 8.2.4　热分析法

热分析法是在程序控制温度下，准确记录物质理化性质随温度变化的关系，研究其受热过程所发生的晶型转化、熔融、蒸发、脱水等物理变化或热分解、氧化等化学变化以及伴随发生的温度、能量或重量改变的方法，包括热光分析法等。

1）基本原理

热光分析法（thermophotometry）是热分析方法的一种，是在程序控温条件下测量物质的光学性质与温度关系的一种技术。其代表性的仪器有热/光碳分析仪。其工作原理是基于有机碳（OC）和无机碳（EC）在不同温度和环境条件下进行氧化分析。分析时，选取一定面积的滤膜，依据升温程序进行升温。OC 在无氧环境下由低温逐步升温的过程中散逸。EC 则在有氧环境下逐步升温散逸。散逸出来的碳被加热氧化为 $CO_2$，并通过检测器进行定量检测。因为 OC 的高温热解，样品膜片吸收的光增加，造成透射光的减少，通过激光器和光检测器监测透射光，以初始透光强度作为参照，确定 OC 和 EC 的分离点，进而精确地计算出 OC 组分的含量。

2）仪器构造

热光学碳分析仪由程序温度控制器、加热炉、氧化炉、激光器、$CO_2$ 检测器和光检测器组成。程序温度控制器使样品在一定范围内进行升温、降温和恒温。加热炉使样品在加热或冷却时得到支撑。碳化合物在流经氧化炉时在氧化剂的作用下被氧化为 $CO_2$。激光器产生的激光照射样品膜并由光检测器监测透射光的变化。$CO_2$ 检测器用以定量检测 $CO_2$。

3）方法应用

热光分析法的仪器操作简单且相对稳定，目前仍是测量黑碳质量浓度的常用方法。可对碳质组分进行检测、源解析，广泛应用于环境监测、气候变化、碳材料分析等领域。

## 8.2.5　电化学分析法

电化学分析法是利用物质的电化学性质测定物质成分的分析方法。通过测量电化学参数得到样品组成、含量的信息，经仪器对信息处理后即可对样品进行定性、定量分析。电化学分析大致可分为电导分析法、电位分析法、电解分析法、库仑分析方法、伏安法等。

## 1. 电导分析法

### 1）基本原理

电导分析法（conductometry）是通过测定溶液的电导而求得溶液中电解质浓度的电化学分析方法。电导分析法以电解质溶液中的正负离子迁移为基础。溶液的导电能力与溶液中正、负离子的电荷数、数目及他们在电场中的迁移速率有关。在规定的电导池中测得的电导值可以确定物质的含量。电导是电阻的倒数，而电导率相当于 $1 cm^3$ 的电解质溶液在距离为 $1 cm$ 的两电极间所具有的电导，它是电阻率的倒数。电导分析常用的仪器为电导率仪。

### 2）仪器构造

电导率仪由振荡器、电导池、放大器、指示器和配套电极组成。振荡器产生交流电压，溶液放在电导池中，电极插入溶液中，测得电导率信号经交流放大器放大，再经过讯号整流，输出到指示器，读取电导率。

### 3）方法应用

电导分析法具有操作简单、快速、灵敏度高和不破坏试样等特点，主要应用于水质分析、大气监测和土壤、海水盐度的测定。

## 2. 库尔特原理分析法

### 1）基本原理

库尔特原理（Coulter principle）分析法是利用库尔特原理对颗粒的粒度进行分析的一种方法，其所测的粒径为等效电阻径。其测定原理是悬浮在电解液中的颗粒通过充满电解液的小孔管，排开同样体积的电解液，在恒电流设计的电路中导致小孔管内外两极间电阻发生瞬时变化。电阻的变化引起微小电压但成比例的变化，通过放大器将电压转变成脉冲信号。脉冲信号的大小和次数与颗粒的大小和数目成正比。

### 2）仪器构造

库尔特粒度分析仪包括废液和电解液罐室、控制面板区和样品室。分析时，分析仪将从小孔管流出的电解溶液排除到废液罐；电解液罐用以储存电解液；废液和电解液罐内的液体液位依据液体重量来计算。控制面板区包括指示灯、搅拌开关、搅拌方向和搅拌速度按钮。样品室包含小孔管把手、外置电极、小孔管、样品台、LED 状态指示灯、微粒捕集器和搅拌器。小孔管小孔的孔径和稳定性对仪器分析至关重要。外置电极用以测定悬浮在电解液的微粒流经小孔时产生的电流。微粒捕集器可以防止大颗粒进入系统造成阻塞。

3）方法应用

库尔特原理分析法因其属于对颗粒个体的测量和三维的测量，不但能准确测量颗粒的粒度分布，更能作粒子绝对数目和浓度的测量。其所测粒径更接近真实，且样品分析不受其折光率、颜色、形态的影响。其优点是操作简便、可测颗粒总数、统计出粒度分布、速度快、准确性好，是颗粒粒度分析的参考方法。广泛应用于生物医学、制药、细胞生物学、电子工业、环境监测等诸多科学研究和工业领域。

## 8.2.6　仪器联用分析法

仪器联用分析法是将多种分析仪器联用，优化组合，使各自的优点得到发挥，弥足各自的不足，得到一种更快捷、更有效的分析工具，来探索只应用一种技术无法获取的信息，开拓了新的分析领域。常见的仪器联用分析法有气相色谱-质谱联用、液相色谱-质谱联用、气相色谱-电感耦合等离子体质谱联用、色谱-光谱联用等。以下通过气相色谱质谱联用分析法举例。

1）基本原理

气相色谱-质谱联用（gas chromatography-mass spectrum, GC-MS）技术是将气相色谱与质谱通过适当接口相结合，借助计算机技术进行联用分析。其联用原理是先通过色谱对混合样品进行分离，然后再将分离后的各组分通过气质接口进入质谱仪进行检测。气相色谱和质谱原理可参阅气相色谱和质谱介绍。

2）仪器构造

气质联用仪包括气相色谱、气相色谱-质谱联用接口、离子源、质量分析器和检测器以及真空系统。气相色谱通常使用毛细管柱。接口是气质联用系统的关键，主要是为了解决色谱单元（压力 $10^5$ Pa）和质谱单元（压力 $10^{-3}$ Pa）压力的不匹配。离子源的作用是将分子转化为气态离子。离子源主要包括电子轰击（EI）和化学电离（CI），EI 是最为普及的 GC-MS 离子源。质量分析器位于离子源和检测器之间，其作用是将电离室中生成的离子按质荷比（$m/z$）大小分离，进行质谱检测。常见的质量分析器有磁质谱、四级杆、离子肼、飞行时间等。检测器的作用是将离子束转变为电信号，并将信号放大。

3）方法应用

GC-MS 是目前应用最为广泛的联用技术。GC-MS 被广泛应用于复杂组分的分离与鉴定，因为它同时具有 GC 的高分离能力和 MS 的高分辨率、高灵敏度，是环境样品、生物样品以及药物和代谢物定性定量的有效工具。

# 参 考 文 献

黄杰. 2011. 青藏高原及其毗邻地区大气降水中不同形态汞的时空分布研究. 中国科学院研究生院博士学位论文.

唐孝炎, 张远航, 邵敏. 2006. 大气环境化学.第 2 版. 北京：高等教育出版社.

张玉兰. 2014. 青藏高原中部各拉丹冬冰芯过去 500 年来重金属元素记录研究. 北京: 中国科学院青藏高原研究所博士后出站报告.

Anthony K M W, Zimov S A, Grosse G, et al. 2014. A shift of thermokarst lakes from carbon sources to sinks during the Holocene epoch. Nature, 511:452-456.

Bond T C, Doherty S J, Fahey D W, et al. 2013. Bounding the role of black carbon in the climate system: A scientific assessment. Journal of Geophysical Research: Atmospheres, 118: 5380-5552.

Cameron K A , Hodson A J, Osborn A M. 2012. Carbon and nitrogen biogeochemical cycling potentials of supraglacial cryoconite communities. Polar Biology, 35(9): 1375-1393.

Cheng H, Lin T, Zhang G, et al. 2014. DDTs and HCHs in sediment cores from the Tibetan Plateau. Chemosphere, 94:183-189.

Clayton R N, Grossman L, Mayeda T K. 1973. A Component of Primitive Nuclear Composition in Carbonaceous Meteorites. Science, 182: 485.

Cong Z, Kang S, Gao S, et al. 2013. Historical trends of atmospheric black carbon on Tibetan Plateau as reconstructed from a 150-year lake sediment record. Environmental Science and Technology, 47: 2579-2586.

da Costa J P, Santos P S M, Duarte A C, et al. 2016. (Nano)plastics in the environment e sources, fates and effects. Science of the Total Environment, 566-567:15-26.

Dibb J E, Albert M, Anastasio C, et al. 2007. An overview of air-snow exchange at Summit, Greenland: Recent experiments and findings. Atmospheric Environment, 41: 4995-5006.

Dominé F, Shepson P B. 2002. Air-snow interactions and atmospheric chemistry. Science, 297: 1506.

Dong Z, Brahney J, Kang S. et al. 2020. Aeolian dust transport, cycle and influences in high-elevation cryosphere of the Tibetan Plateau region: New evidences from alpine snow and ice. Earth-Science Reviews, 211: 103408.

Fischer H, Werner M, Wagenbach D, et al. 1998. Little Ice Age clearly recorded in northern Greenland ice cores. Geophysical Research Letters, 25:1749-1752.

Hugelius G, Strauss J, Zubrzycki S, et al. 2014. Estimated stocks of circumpolar permafrost carbon with quantified uncertainty ranges and identified data gaps, Biogeosciences, 11: 6573-6593.

IPCC. 2013. Climate change: the physical science basis. Contribution of working group I to the fifth assessment report of the intergovernmental panel on climate change. Cambridge: Cambridge University Press.

Jiang L, Chen H, Zhu Q, et al. 2019. Assessment of frozen ground organic carbon pool on the Qinghai-Tibet Plateau. Journal of Soils and Sediments, 19: 128-139.

Kang S, Huang J, Wang F, et al. 2016. Atmospheric mercury depositional chronology reconstructed from lake sediments and ice core in the Himalayas and Tibetan Plateau. Environmental Science and Technology, 50: 2859-2869.

Kang S, Zhang Q, Kaspari S, et al. 2007. Spatial and seasonal variations of elemental composition in Mt. Everest (Qomolangma) snow/firn. Atmospheric Environment, 41: 7208-7218.

Kang S, Zhang Y, Qian Y, et al. 2020. A review of black carbon in snow and ice and its impact on the cryosphere. Earth-Science Reviews, 210: 103346.

Kaspari S D, Mayewski P A, Handley M, et al. 2009. Recent increases in atmospheric concentrations of Bi, U, Cs, S and Ca from a 350‑year Mount Everest ice core record. Journal of Geophysical Research: Atmospheres, 114(D4): D04302.

Lantuit H, Overduin P P, Couture N, et al. 2012. The Arctic Coastal Dynamics Database: A New Classification Scheme and Statistics on Arctic Permafrost Coastlines. Estuaries and Coasts, 35: 383-400.

Larose C, Dommergue A, Vogel T M. 2013. Microbial nitrogen cycling in Arctic snowpacks. Environmental Research Letters, 8: 035004.

Li C, Bosch C, Kang S, et al. 2016. Sources of black carbon to the Himalayan-Tibetan Plateau glaciers. Nature Communications, 7: 12574.

Li W C, Tse H F, Fok L. 2016. Plastic waste in the marine environment: A review of sources, occurrence and effects. Science of the Total Environment, 566-567: 333-349.

Meiners K M, Michel C. 2017. Dynamics of Nutrients, Dissolved Organic Matter and Exopolymers in Sea Ice. New York: John Wiley abd Sons.

Mu C C, Abbott B W, Zhao Q, et al. 2017. Permafrost collapse shifts alpine tundra to a carbon source but reduces $N_2O$ and $CH_4$ release on the northern Qinghai-Tibetan Plateau. Geophysical Research Letters, 44: 8945-8952.

Osterkamp T E. 2001. Sub-sea Permafrost. Salt Lake City: Academic Press.

Pavlova P, Zennegg M, Anselmetti F, et al. 2016. Release of PCBs from Silvretta glacier (Switzerland) investigated in lake sediments and meltwater. Environmental Science and Pollution Research 23(11):10308-10316.

Schwikowski M, Doscher A, Gaggeler H W, et al. 1999. Anthropogenic versus natural sources of atmospheric sulphate from an Alpine ice core. Tellus B, 51: 938-951.

Telling J, Anesio A M, Tranter M, et al. 2012. Controls on the autochthonous production and respiration of organic matter in cryoconite holes on high Arctic glaciers. Journal of Geophysical Research: Biogeosciences, 117: G01017.

Thiemens M H, Heidenreich J E. 1983. The mass-independent fractionation of oxygen: A novel isotope effect and its possible cosmochemical implications. Science, 219: 1073.

Wagner D, Liebner S. 2009. Global Warming and Carbon Dynamics in Permafrost Soils: Methane Production and Oxidation. In: Margesin R. Permafrost Soils. Soil Biology vol 16. Berlin Heidelberg: Springer.

Wang F, Pućko M, Stern G. 2017. Transport and transformation of contaminants in sea ice. New York: John Wiley and Sons.

Wang X, Xu B, Kang S, et al. 2008. The historical residue trends of DDT, hexachlorocyclohexanes and polycyclic aromatic hydrocarbons in an ice core from Mt. Everest, central Himalayas, China. Atmospheric Environment, 42: 6699-6709.

Whitlow S, Mayewski P A, Dibb J E. 1992. A comparison of major chemical species seasonal concentration and accumulation at the South Pole and summit, Greenland. Atmospheric Environment, 26: 2045-2054.

Yu G, Xu J, Kang S, et al. 2013. Lead isotopic composition of insoluble particles from widespread mountain glaciers in western China: Natural vs. anthropogenic sources. Atmospheric Environment, 75: 224-232.

Zhang Q, Huang J, Wang F, et al. 2012. Mercury distribution and deposition in glacier snow over western China. Environmental Science and Technology, 46: 5404-5413.

Zhang L, Kang S, Gao T, et al. 2020. Dissolved organic carbon in Alaskan Arctic snow: concentrations, lightabsorption properties, and bioavailability. Tellus B, 72(1): 1-19.